中国北方
酿酒葡萄生态区划

张晓煜　陈卫平　张磊 等／编著

内容简介

本书是国家自然科学基金面上项目“基于 GIS 的中国北方不同品种酿酒葡萄优质生态区区划研究”(No. 31071323)和“贺兰山东麓优质酿酒葡萄的气候形成机理及小气候调控”(No. 30360045)项目组近十年主要研究工作的总结，也是广大科技工作者在酿酒葡萄区划方面多年的实践经验和创新成果的结晶。全书在分析气候、土壤等自然资源的基础上，借鉴国内外酿酒葡萄区划成果，根据酿酒葡萄生长习性与环境条件的关系，提出中国北方酿酒葡萄生态区划方法及指标体系。运用 GIS 技术，按可种植区、熟性、品种和酒种划分制作完成了中国北方酿酒葡萄生态区划图集，提出中国北方酿酒葡萄基地区域化布局方案。本书可为中国酿酒葡萄产业发展规划、酿酒葡萄基地布局和葡萄酒生产企业原料定购提供参考，也可供农业、农业气象等领域从事科研、教育、生产的科技人员参考。

图书在版编目(CIP)数据

中国北方酿酒葡萄生态区划/张晓煜，陈卫平，张磊等编著. —北京：气象出版社，2014.2

ISBN 978-7-5029-5893-0

Ⅰ.①中… Ⅱ.①张… ②陈… ③张… Ⅲ.①葡萄栽培-生态区-环境规划-研究-中国 Ⅳ.①S663.1 ②X321.2

中国版本图书馆 CIP 数据核字(2014)第 032973 号

审图号：GS(2014)230 号，宁 S(2014)1 号

Zhongguo Beifang Niangjiu Putao Shengtai Quhua

中国北方酿酒葡萄生态区划

张晓煜 陈卫平 张 磊 等 编著

出版发行：气象出版社

地　　址：北京市海淀区中关村南大街 46 号　　**邮政编码**：100081

总 编 室：010-68407112　　**发 行 部**：010-68409198

网　　址：http://www.cmp.cma.gov.cn　　**E-mail**：qxcbs@263.net

责任编辑：王元庆　　**终　　审**：汪勤模

封面设计：博雅思　　**责任技编**：吴庭芳

印　　刷：中国电影出版社印刷厂

开　　本：710 mm×1000 mm　1/16　　**印　　张**：7.5

字　　数：131 千字

版　　次：2014 年 3 月第 1 版　　**印　　次**：2014 年 3 月第 1 次印刷

定　　价：46.00 元

编委会

主　编： 张晓煜

副主编： 陈卫平　张　磊

编　写：（以姓氏拼音为序）

曹　宁　陈卫平　范锦龙　韩颖娟　李红英

刘　静　马力文　苏　龙　王　静　卫建国

袁海燕　张　磊　张晓煜　张学艺　朱永宁

赤霞珠

美乐

西拉

品丽珠

歌海娜

黑比诺

黑佳美

霞多丽

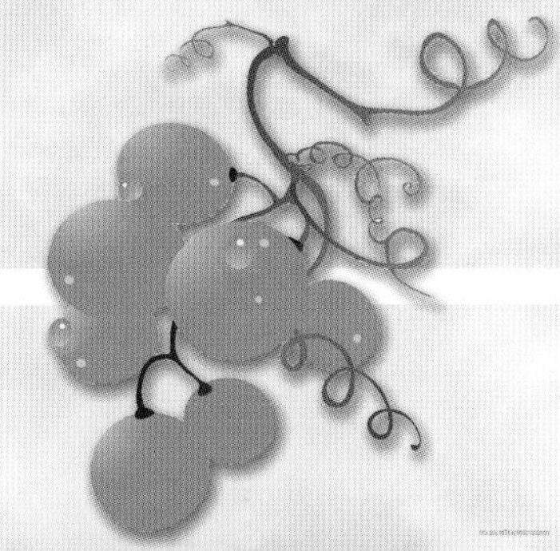

雷司令

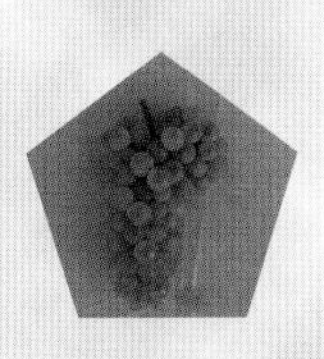

索维浓

赛美蓉

白玉霓

神索

白比诺
白诗南

序

中国的葡萄栽培和加工(酿酒、制干等)有古老的历史,但过去发展缓慢,葡萄和葡萄酒作为珍稀产品,大多数普通人长期无缘接触,只有帝王将相和有权有势的少数人有机会享受。随着1949年中华人民共和国的成立,葡萄和葡萄酒工业开始恢复发展,特别是自20世纪80年代以来,国家实行改革开放政策,葡萄生产规模持续大幅增长,中国在世界葡萄生产中所占的比重不断攀升。

据联合国粮农组织统计资料(FAO 2013),2011年中国葡萄栽培面积近60万hm^2,列世界第4位,葡萄年产量近907万t,居世界首位。中国以栽培鲜食葡萄为主,同时酿酒葡萄也获得快速发展,而且主要发展的是供酿制优质葡萄酒的国际著名品种,如赤霞珠、品丽珠、美乐(梅鹿辄)、霞多丽、雷司令、贵人香等。中国主要葡萄产区的葡萄酒企业大都建立了稳定的原料供应保障体系,同时不断更新完善技术装备、调整产品结构和生产工艺,促进葡萄酿酒业发展欣欣向荣,葡萄酒产量持续大幅增长,使中国进入了世界葡萄酒主要生产国的行列。根据2013年6月在罗马尼亚布加勒斯特召开的第36届世界葡萄和葡萄酒大会的最新资料(OIV 2013),2012年世界葡萄酒总产估计2517万t,中国仍保持世界第5位(继法国、意大利、西班牙、美国之后)。

随着经济强劲发展和人民生活水平不断提高,人们对富含营养的健康饮品葡萄酒的需要迅速增长,中国葡萄和葡萄酒的生产潜力巨大,消费前景广阔。为了适应国内外市场的需要,我国葡萄和葡萄酒的生产规模及产品质量均应进一步改善和提高。怎样才能促进酿酒葡萄栽培持续健康发展以生产出更多更好的酿酒原料呢?国内外的经验表明,有三方面的要素需要重视。首先,葡萄园要具备优良的气候条件(生长期热量有保证,果实成熟期水分不过多,等等);其次,要选择适宜的地理和土壤条件;此外,不可忽视的是要采用“因地制宜”和“因品种制宜”的综合栽培技术(包括合理建园和控产优质栽培)。

世界许多先进的葡萄酒生产国都很重视酿酒葡萄产地和品种的选择，成功实现了葡萄和葡萄酒生产的区域化和基地化。新中国自改革开放以来，一些科技工作者曾对中国北方（包括西北、华北和东北）的有关省区进行过相关的研究，主要着重于对葡萄气候因素的宏观研究和区划。对现有基地的评价和选择方面缺乏细致分析。本书作者多年来借鉴国内外最新成果，对酿酒葡萄进行了细致的生态区划研究。作者深入分析中国北方的综合生态条件，提出酿酒葡萄优质生态区的区划指标，利用地理信息系统（GIS）技术，划分出不同葡萄品种类型（包括不同成熟期）和不同酒种的优质生态区，从而为酿酒葡萄基地的选择和建设提供有效的参考和实用指导。这是本书的特点和优点，值得广大葡萄和葡萄酒领域工作者学习借鉴。

当前我国的葡萄栽培和酿酒业在取得辉煌成就并面临新的发展机遇和挑战形势下，需要认真总结生产实践中积累的经验教训，根据本书提供的成果和经验，对已形成的现有葡萄基地进行认真的评估并进行必要的调整，参考本书提出的中国北方酿酒葡萄基地布局优化方案和"分级细化生态区划结果"要求，联系本地实际，更好地实现酿酒葡萄生产的区域化和规范化。国内外的先进生产经验表明，即使在同一生态区、种植同一个品种，由于小气候和微环境的差异和栽培技术的影响，葡萄和葡萄酒的风味品质也可有相当大的差别。这也是我们在积极发展酿酒葡萄的实践中须加关注的问题。

本书的作者——以张晓煜研究员为首的项目组成员为编写本书付出了巨大的辛劳，本书既是项目组近十年主要研究工作的结晶，也是众多科技工作者在酿酒葡萄区划方面多年的实践经验和创新成果的总结，在书稿即将付印之际，我谨向作者们表示衷心敬意和热烈祝贺！相信他们的努力会在我国葡萄和葡萄酒产业发展中结出累累硕果，并在实践检验中继续总结、提高。

罗国光

（中国农业大学　罗国光）

2013 年 12 月于北京

前 言

近年来，随着人民生活水平的提高，保健意识的增强，消费者选购酒类产品的重要指标已演变为低度、品味、健康、卫生，葡萄酒逐渐被消费者接受，其消费量不断攀升。中国酿酒葡萄产业在这样的经济背景下发展迅速，据中国酿酒工业协会统计，2012 年中国酿酒葡萄种植面积超过 9.3 万 hm^2，全国红酒产量为 80 万 t，工业总产值达 230 亿元。已逐步形成了环渤海、清徐、怀涿盆地、通化、吐鲁番、石河子、武威、贺兰山东麓、云南高原、黄河故道等产区。

众所周知，葡萄酒是一种自然产品，它的品质和风格决定于葡萄品种及产区的气候、土壤等自然因素和与自然条件相适应的栽培技术、采收、酿造工艺等人为因素。只有在最适宜的地区种植最适宜的品种，才能产出最优质的葡萄原料，进而酿造出优质的葡萄酒。葡萄酒产业的竞争关键是原料基地的竞争。“优良品种＋优质产地＋先进的酿造工艺＝名牌葡萄酒”，这是世界葡萄酒产业发展的成功经验，它确切地反映出品种和产地的重要性。葡萄酒生产大国都很重视酿酒葡萄产地和品种的选择。法国是世界上公认的优质葡萄酒生产大国，不仅拥有悠久的葡萄酒文化、优良的品种以及先进的葡萄酿酒工艺，其得天独厚的生态气候条件适宜多种类型葡萄品种栽培和各种葡萄酒的生产，著名的香槟酒、XO 干邑酒、白兰地、波尔多酒、勃艮第酒等均出自这种特殊的生态环境。

世界许多国家都很重视葡萄和葡萄酒生产的区域化工作，即在一定产区栽培一定品种，生产一定类型的葡萄酒，并形成名牌产品。20 世纪 50—60 年代业界开始重视研究葡萄区域化问题，欧洲一些研究者提出过多种综合气候指标进行酿酒葡萄气候区划工作，如布氏光热指数、于氏指数、康氏指数等。美国根据活动积温开展酿酒葡萄气候区划，而澳大利亚用最热月平均温度、新西兰用纬度与最热月平均气温相结合开展酿酒葡萄气候区划。

1980 年黄辉白首次对中国北方葡萄进行气候区划研究，随后王宇霖等曾进行全国葡萄适应带区划，但未对气候进行细致分析。罗国光以黄辉白的葡萄气候区划为基础，将全国划分为 6 个葡萄气候区。黄寿波用气候图叠加的方法将全国划分为 8 个区域。吴春燕采用模糊聚类方法将全国葡萄种植区划分为 6 个区域。李华等采用无霜期、干燥度和埋土防寒线作为区划指标，将中国酿酒葡萄栽培区划分为 4 区 12 亚区。随着近年来酿酒葡萄的迅速发展，在一些省区酿酒葡萄气候区划研究方面取得一些进展。

然而，国内关于酿酒葡萄区划主要考虑气候因子对葡萄品质的影响，没有考虑土壤、地形等生态因子对酿酒葡萄品质的重要作用，还没有完全引进不同葡萄品种、酒种优质生态区的理念，区划结果往往不能满足酿酒葡萄基地选择的现实需要。

酿酒葡萄优质生态区是指在简易的生产条件下，依靠当地自然的气候、土壤等生态条件，就能种植出充分体现品种典型性的酿酒葡萄原料，并以此原料在多数年份都能酿造出高品质葡萄酒的区域。优质酿酒葡萄生态区的划分主要表现在栽培品种的选择和酒种上，根据不同品种的成熟特性，可划分为早熟、中熟、晚熟和极晚熟品种酿酒葡萄生态区。同是酿酒葡萄优质生态区，如果将早熟品种栽种在晚熟品种优质生态区，会造成早熟品种成熟过快，糖酸不协调，风味物质积累不充分。反之，如果将晚熟品种栽种在早熟品种优质生态区，会因为晚熟品种成熟所需热量(积温)较高，果实不能充分成熟。另外，可以根据优质葡萄酒产品的不同，将酿酒葡萄优质生态区划分为：红酒葡萄优质生态区、白酒葡萄优质生态区、起泡酒葡萄优质生态区和甜酒葡萄优质生态区等。以上两种分法还可以更细，细到一个单品种或单酒种的优质生态区。但应该指出的是:没有任何一个生态区类型能栽种和生产所有类型的葡萄品种或酒种。在以产地命名的葡萄酒国家或地区,每一个产区都规定了只能用某一个品种生产单品种的葡萄酒。结合"酒庄酒"(Wine Chateau)、"小酒堡"的发展,在一些特殊的小气候区域,发展一批有明显地域特色的酿酒葡萄品种,如小白玫瑰(Muscat Blanc)、白比诺(Pinot Blanc)、马尔斯兰(Marsalen)及威代尔(Vidal Blanc)等品种,使葡萄酒生产进一步多样化、特色化。

本书立足于中国北方地形复杂、土壤类型丰富、气候类型多样的资源特点,充分利用山地垂直气候、阳坡、水域等小气候资源,通过研究中国北方酿酒葡萄气候、土壤适应性,结合高档葡萄酒对葡萄果实品质的要求,提出中国北方酿酒葡萄优质生态区的区划指标,利用地理信息系统(GIS)技术,得出酿酒葡萄精细化的区划结果,直接服务酿酒葡萄基地选择和区域化发展。分析不同酿酒葡萄品种的产地品质表现,确定酿酒葡萄优质生态区的环境条件。通过气候相似性分析,确定不同品种酿酒葡萄在中国北方适宜种植范围,最大限度地挖掘气候、土地资源,为酿制葡萄酒提供充足、优质、独具风味的原料,保证中国原产地葡萄酒品质稳定性,提高葡萄品种、酒种适宜区丰富度,扩大其知名度,为逐步形成的中国名牌产地酒、酒庄酒提供技术参考。

全书共分 7 章,前 3 章分别介绍世界和中国酿酒葡萄的生产现状、酿酒葡萄的生长习性和对环境的要求、中国自然资源概况。第 4 章至第 6 章从酿酒葡萄的优质生态区概念入手,介绍了酿酒葡萄区划的原则、方法、指标体系和区划方案,分可种植区、熟性、酒种和品种进行酿酒葡萄生态适宜性区划。第 7 章结合酿酒葡萄生产现状和生态适宜性区划结果,提出中国北方酿酒葡萄品种、酒种区域化布局方案和基地建设建议。本书第 1 章和第 2 章由陈卫平执笔编写;第 3 章第 1 节由张晓煜执笔,第 2 节由李红英、张学艺执笔,第 3 节由张磊执笔;第 4 章由张晓煜执笔;第 5 章第 1 节、第 2 节由张晓煜执笔,第 3 节由李红英执笔；第 6 章由袁海燕、马力文、李红英、张磊执笔；第 7 章第 1 节由苏龙执笔，第 2 节、第 3 节由张晓煜、苏龙执笔。初稿完成后由张晓煜、陈卫平统稿成书。全书经中国农业大学罗国光教授、郑大玮教授和宁夏大学李玉鼎教授审核后付梓。

在酿酒葡萄品质、气象资料、地理信息资料收集过程中，得到国家气候中心、国家气象中心、国家卫星气象中心、国家气象信息中心、江西省气候中心、宁夏农林科学院、宁夏气候中心、宁夏广夏酿酒葡萄种植基地、宁夏御马酒业集团、玉泉营农场、巴格斯酒庄、轩尼诗夏桐酒庄技术人员的大力支持；本书编写过程中，中国农业大学、宁夏大学、宁夏农林科学院等单位专家学者提出许多指导意见和建议，在此一并致谢。本书作者们尽可能收集和参考国内外最新成果、数据、图片和区划经验，对各章文字、数据进行详细核查和校对，但由于时间仓促、水平有限，错误纰漏之处在所难免，望读者及专家学者批评指正。

张晓煜　陈卫平

2013 年 11 月

目　录

第1章　酿酒葡萄生产现状

1.1　世界酿酒葡萄生产

1.1.1　世界葡萄种植与酿造历史

世界葡萄栽培及酿酒历史悠久，可追溯至远古时代。古代人类从采集野生葡萄果实、驯化野生葡萄到葡萄栽培，逐步扩大了葡萄的种植范围。大约公元前7000年前在黑海与里海间的外高加索地区，包括土耳其西南部、伊拉克北部、阿塞拜疆等地，就已经有葡萄的种植和葡萄酒酿制了。3000～5000年前，古埃及人已完全掌握了葡萄酒酿造工艺。公元前2000多年希腊成为欧洲最早种植葡萄并进行葡萄酒酿造的国家。随着罗马帝国势力的扩张，葡萄和葡萄酒又迅速传遍法国东部、西班牙、英国南部、德国莱茵河流域和多瑙河东岸等地区，葡萄酒成为当时重要的贸易商品。15—16世纪葡萄栽培和酿造技术传入南非、澳大利亚、新西兰、日本、朝鲜等地。16世纪西班牙和葡萄牙的殖民者、传教士将欧洲的葡萄品种带到美洲，在墨西哥、加利福尼亚半岛等地栽种，美洲和美国的葡萄酒业逐渐发展起来。17和18世纪法国开始雄霸整个葡萄酒王国，波尔多和勃艮第成为世界闻名产区。19世纪60年代美国葡萄产业大发展，开始应用砧木防治根瘤蚜。20世纪，现代工业化生产设备大量应用于葡萄酒生产，酿造过程更能精确控制，出现了多种新式的酿造方法，欧洲以外的新兴葡萄酒生产国快速成长壮大，消费群体也持续扩大。

1.1.2　世界葡萄酒生产的新旧世界划分

世界种植酿酒葡萄[①]的黄金地带位于北纬30°～50°和南纬30°～40°。目前世界上欧洲、美洲、亚洲和大洋洲都生产葡萄酒。按照酿造历史长短可以划分

---

① 葡萄品种名以孔庆山主编《中国葡萄志》和原国家经贸委批准的《中国葡萄酿酒技术规范》为标准。在没有特别说明时，本书提及的酿酒葡萄均指欧亚种酿酒葡萄。

为旧世界和新世界两类葡萄酒生产国家。

旧世界葡萄酒生产国主要集中在欧洲，具有几千年的酿酒历史，如法国、德国、意大利、西班牙、葡萄牙、奥地利等国家，沿用传统工艺和酿造方法，生产规模较小。旧世界国家对葡萄酒的文化、技术积淀非常重视，对当地传统的品种、栽培方式、酿造工艺以及产品风格进行限定，形成严格的法规。名庄酒控制单产，粒选葡萄，关注年份差异，坚持品质至上。

新世界葡萄酒生产国生产历史相对较短，是只有几百年甚至只有几十年的现代酿酒工业国家，如美国、澳大利亚、新西兰、智利、阿根廷、南非、中国、加拿大等。葡萄酒新兴国家对葡萄单产控制不严格，使用比较新颖的酿酒方法，工艺中加入了更多科技成分，通过应用新技术实现葡萄酒质量的平衡，生产规模大。

1.1.3 世界葡萄业发展趋势

世界葡萄栽培集中在温带气候区。欧洲是葡萄主产地，栽培面积占世界葡萄总栽培面积的 60％以上，其中 90％以上用于酿酒。气候温和的环地中海区是欧洲葡萄园的主要集中地。仅意大利、法国和西班牙的产量就已经超过全球产量的一半以上，美洲和其他各大洲的产量约占世界总产的 30％左右。

世界葡萄约 80％用于酿酒，11％鲜食，9％制干、制汁、制醋，年总产值达数千亿美元，世界人均年葡萄酒消费量 6 L。全世界葡萄栽培面积经过多年的持续上升至 20 世纪 70 年代末达最高峰，为 1070 万 hm^2，随后不断下降直至 1998 年；经过 1999—2002 年的快速增长期后步入基本稳定期；从 2002 年以来，世界葡萄栽培面积基本稳定在 790 万 hm^2 的水平。截至 2011 年，全世界有近 800 万 hm^2 葡萄园，其中酿酒葡萄的种植面积超过 600 万 hm^2，每年生产 290 亿 L 葡萄酒，世界葡萄种植面积趋于稳定。旧世界葡萄生产国种植面积削减或更新换代，新兴产区葡萄园面积和产量扩增，并借鉴旧世界国家的经验进行品种和产区的科学区划，提倡无毒苗木和嫁接苗的应用，不断提高葡萄园种植和加工的机械水平。

世界葡萄酒市场供大于求的状况仍将持续，新世界葡萄酒生产和消费量增长强劲，葡萄酒消费和生产逐渐趋于优质化、高端化。亚洲将成为葡萄酒消费增长最快的地区。传统上，西欧主导了葡萄酒生产和消费，产量和消费量占全球的三分之二。近年来，中国、美国、俄罗斯和澳大利亚成为推动全球葡萄酒消费增长的主要国家，美国已成为世界葡萄酒消耗量最大的国家。2012 年全球葡萄酒消费量增长了 1％，北欧和中国是超过全球平均的两个地区。法国一直保持着世界葡萄酒出口国第一的地位，意大利和西班牙分别位居第二和第三。

1.1.4 世界主要葡萄生产国和著名产区

法国:具有两千年葡萄种植和酿酒历史,三分之二的国土上种植葡萄,种植面积和产量居世界第二位,葡萄酒产值居世界第一。境内诸多河流和山谷形成丰富多样的小气候和小环境,造就了包括波尔多、勃艮第、博若莱、罗纳河谷、普罗旺斯、香槟等在内的11个著名产区。法国人根据几百年的葡萄种植和酿造经验,将葡萄与气候、土壤、种植、酿造、人文完美地融合在一起,总结出每个地区最适合种植的葡萄品种以及最适合的酿造方法,酿造了世界上最多的顶级酒。无论从文化、历史、质量上都被葡萄酒爱好者公认为葡萄酒生产最重要的国家,其葡萄酒产地命名及分级管理体系等都为全世界接受和仿效。当前在全球主栽的葡萄品种,大多数都源自于法国。

意大利:世界葡萄酒生产大国之一,出口量名列前茅,产地面积仅次于法国。葡萄酿酒历史悠久,保存有沿用了几千年的当地古老品种。意大利的葡萄园几乎遍布它的整个疆域版图,著名产区有皮蒙、威尼托、托斯卡纳等。参照法国的葡萄酒法规,于1963年建立了原产地地区命名制度(DOC)。阿斯的起泡酒、西西里岛的玛莎拉强化葡萄酒、混合葡萄酒、苦艾酒都很有名,每年举办意大利葡萄酒展览会(Vinitaly)。

西班牙:酿酒葡萄种植面积居世界第一、产酒量排世界第三。早在古罗马时期,就开始了葡萄园的开垦与葡萄酒的酿造。全国各地几乎都生产葡萄酒,以里奥哈、安达鲁西亚、加泰隆尼亚三地最为有名。靠近首都马德里的拉曼恰地方街道的葡萄酒,几乎占西班牙总产量的一半。以起泡的雪莉酒、里奥哈酒和卡瓦酒最为著名。

德国:葡萄酒生产量大约是法国的十分之一,约占全世界生产量的3%。大约有85%是白葡萄酒,其余的15%是玫瑰红酒、红酒及起泡酒。德国是雷司令的故乡,其雷司令酿造的顶级干白和甜酒更是受到世界瞩目,在全球屡获殊荣。德国白葡萄酒有芳香的果香及清爽的甜味,酒精度低,特别适合不太能饮酒的人及刚入门者。主要产区为莱茵河及其支流莫塞尔河地区。

澳大利亚:与美国并称两大新兴葡萄酒生产国。澳大利亚幅员辽阔、地形复杂,酿酒师能充分利用地形、气候、土壤、新技术,酿造出独具本土风格的高品质葡萄酒。由于地处南半球,每年5月左右就可以喝到新酒,是全世界最早上市的新酒。最具代表性的葡萄酒产地有南澳大利亚、新南威尔士及维多利亚州。霞多丽、西拉、赤霞珠是澳大利亚种植面积最大的葡萄品种。

阿根廷:种植面积高达22万 hm^2,主要集中在河谷以及安第斯山麓,拥有世界上海拔最高的葡萄园(海拔2400 m),多数葡萄园和酒厂由西班牙和意大利移民后裔建立。近些年葡萄园面积有所减少，人均饮用量也有所下滑，但葡萄酒品质不断攀升。由法国人引进的马尔贝克(Malbec)是阿根廷最重要的葡萄品种，最重要的产区是门多萨省(Mendoza)。

美国：是世界第四大葡萄酒生产国，有300年的酿酒历史，是新世界葡萄酒生产国的杰出代表。全国50个州都有葡萄酒生产，而加利福尼亚州生产的葡萄酒占全国总量的90%左右，主要产区为纳帕山谷、索罗马山谷和俄罗斯河山谷。美国根据不同气候和地理条件建立了法定葡萄种植区，这就是AVA制度。葡萄酒品种非常丰富多样，从日常饮用的餐酒到高级葡萄酒都有。主要葡萄品种为霞多丽、赤霞珠和增芳德(Zinfandel)。

智利：智利地形狭长，地中海式气候，夏季温暖干燥，冬天凉爽多雨，适合葡萄生长，是南美洲第二大产酒国，产量仅次于阿根廷。智利出产的葡萄酒成本低、品质好，受到世界市场的认可。智利现拥有11.8万hm^2的酿酒葡萄种植园，其中75%为红葡萄，25%为白葡萄。葡萄酒分级类似于美国的分级制度。智利葡萄酒产区分四个大区(Region)，分别是：科金博、阿空加瓜、中部山谷、南部。

葡萄牙：葡萄牙有“软木之国”、“葡萄王国”的美称。葡萄牙软木及橡树制品居世界第一，自古以来盛产葡萄和葡萄酒。全国有葡萄园36万hm^2，平均每5个农业劳动力就有一人种植葡萄。全国有18万人从事葡萄酒生产，以波尔图出口的葡萄酒最负盛名。年产葡萄酒10亿～15亿L，远销世界120多个国家和地区。

罗马尼亚：地处欧洲中部，温带大陆性气候，葡萄种植条件优越、历史悠久，是世界葡萄酒酿造大国之一，也是一个葡萄酒消费大国，葡萄酒在农副产品出口中所占比例最大。罗马尼亚葡萄酒因质量上乘、工艺独特，屡次在世界性的葡萄酒展览及比赛中获奖。基于欧盟标准，制订了产区分级的原产地地区命名制度(DOC)和以葡萄成熟度分级的原产地质量命名制度(DOCC)。赤霞珠、霞多丽等多个著名品种和本国品种白菲嘉斯卡(Feteasca Regala)和黑菲嘉斯卡(Feteasca Neagra)等都有种植。

南非：地处非洲的最南端，气候相当炎热干燥，大部分地区并不适合生产葡萄酒，它的主要葡萄酒生产区分布在开普地区，是新世界葡萄酒业崛起的代表。种植季节较早，新酒上架的时间要比欧洲早6个月。南非的全部宝贵产区几乎都在最南部的西开普省，并且都在近海的区域，为地中海式气候，全年气候温和，夏季不太炎热。南非最具有特色的品种品乐塔吉(Pinotage)，是神索(Cinsaut)和黑比诺的杂交品种，产量大、颜色深、香气浓郁，适合酿造粗犷的酒。

1.2 中国酿酒葡萄生产

中国的葡萄种植总面积和酿酒葡萄种植面积都居世界前列。中国利用葡萄等水果酿酒的历史也很久远。1980 年河南商代古墓出土的密闭器皿中盛有葡萄酒，距今已有 3000 年的历史。在元朝已开始将葡萄酒作为商品出售。1892 年，张弼士引进了 100 多个欧亚葡萄品种，在烟台建立了张裕葡萄酒厂，开创了中国近代工业化生产葡萄酒的历史。由于中国是一个传统的白酒消费国家，葡萄酒的生产和消费一直处于很低的水平。新中国成立时，相继从苏联和东欧引进许多黑海品种群（Proles Pontica Negr.）品种，如白羽（Rkatsiteli）、红玫瑰（Tchervine Muscat）、晚红蜜（Saperavi）等，当时葡萄酒的年产量还不足 200 t。

自 1987 年全国酿酒工作会议后，中国的葡萄与葡萄酒产业迎来了良好的发展机遇。20 世纪 90 年代，伴随着全球性的葡萄酒发展热潮，中国的酿酒葡萄种植和加工规模迅速扩大，1994 年颁布了含汁量 100% 的葡萄酒产品国家标准和含汁量 50% 以上的葡萄酒行业标准，同时要求取消含汁量 50% 以下葡萄酒的生产。葡萄酒消费市场在中国的培养经历了很长的时间，1995 年以后的葡萄酒热可以算是一个时代的开始。2010 年末，全国酿酒葡萄种植面积达到 6.7 万 hm^2，葡萄酒产量 10.89 亿 L。

经过改革开放 30 多年的发展，中国酿酒葡萄种植面积和比例不断上升，酿酒工业设备水平不断提高，国际著名酿酒葡萄品种，如赤霞珠、品丽珠、美乐、霞多丽、雷司令、贵人香等成为中国酿酒葡萄的主栽品种。基于国际葡萄酒生产的成熟经验和中国现代葡萄酒工业发展的历史教训，中国葡萄原料已开始向区域化、基地化、良种化、规范化的方向发展。目前，中国葡萄酒工业的技术装备水平已经逐步与国际接轨，国内主要葡萄酒厂的酿酒设备，如葡萄破碎机、果汁分离机、硅藻土过滤机、板框过滤机、全自动葡萄酒灌装生产线等大部分从国外引进，有的已经达到世界顶尖水平。

与世界其他国家葡萄栽培正好相反，中国的葡萄栽培中鲜食比重大，酿酒葡萄比重小。中国葡萄栽培总面积一直处于增长趋势，2012 年拥有葡萄园面积 57 万 hm^2，其中酿酒葡萄面积 9.3 万 hm^2。

中国属于典型的大陆季风性气候，亚气候类型复杂多样，中国酿酒葡萄产区主要分布在北纬 30°～45°，主要集中在华东、华北、西北地区，包括新疆、甘肃、宁夏、河北、山东及北京和天津等 7 个省(市、自治区),葡萄栽培面积和产量约占全国的 80%以上。随着近些年葡萄酒产业的重新布局,西部尤其是西北地区成为葡萄业发展的热点区域。

中国目前已是世界第五大葡萄酒消耗国,2011 年成年人人均葡萄酒消耗量 1.4 L。中国是世界葡萄酒生产大国。2011 年中国的葡萄酒产量达到 1.35 亿箱(每箱 9 L)。

目前,中国酿酒葡萄基地有三种经营模式:一是家庭式分散经营模式;二是"公司+农户"的订单经营模式,即企业向农户提供基础投入资金、技术服务等,农户按照协议价给企业提供合乎质量要求的原料;三是企业自建基地的经营模式,按照生产目标制定相应的生产管理规范,雇佣工人生产工业化原料和酒庄优质原料。

主要产区与品牌:目前面积较大的酿酒葡萄产区有渤海湾产区(包括河北昌黎、天津蓟县、山东胶东半岛等)、怀涿盆地(河北怀来、涿鹿)、清徐产区(包括山西汾阳、太谷、夏县、榆次等)、贺兰山东麓产区(宁夏银川、青铜峡、玉泉营、红寺堡等)、甘肃武威产区(甘肃武威、民勤、张掖等)、新疆产区(包括吐鲁番盆地及玛纳斯、石河子、昌吉、伊犁等地)、西南高原产区(云南弥勒、蒙自及四川攀枝花等)。知名葡萄酒品牌有:张裕、长城、王朝、华夏长城、威龙、龙徽、通化、莫高、尼雅、西夏王、贺兰山、丰收、紫轩、香格里拉等。随着人们对高品质葡萄酒的青睐和对葡萄旅游文化产业的重视,葡萄酒庄正在各地如雨后春笋般出现,拓宽了葡萄酒产业的产品结构和功能。

1.3 葡萄与葡萄酒

葡萄多汁、味美,用途很广,可用来酿造白兰地、香槟酒和各种葡萄酒。国际葡萄与葡萄酒组织(OIV)定义的葡萄酒是:用破碎或未破碎的新鲜葡萄果实或葡萄汁经完全或部分酒精发酵后获得的酒精度不能低于 8.5%(V/V)的饮料。

葡萄酒的品质是由葡萄的品质决定的。世界各国的葡萄酒生产经验证明,只有优良的葡萄原料才能酿出优质葡萄酒,葡萄行业有"七分原料,三分工艺"之说,因此,酿酒葡萄原料质量对葡萄酒的质量起着决定性的作用。

葡萄原料的优劣很大程度上受品种、土壤、气候、栽培管理模式等因素的影响,酒的风味主要取决于酿酒葡萄品种、气候和土壤条件。不同品种对环境条件的要求不同，只有将其栽培在最适宜的地区才能表现出最佳的风味。红色葡萄品种种植在富含有机质的土壤上生长旺盛，成熟晚，着色深，单宁含量高，果实品质较好；种植在钙质土壤上的葡萄含酸量高。葡萄酒的颜色和香气是品酒的主要项目，同样的葡萄品种，在同样的气候之下，因为土质的关系可以表现出完全不同的风味。与砾质土相比，在黏土上种植的葡萄所酿的酒，它的味道会变得较酸，单宁会比较厚实，但是它的细致性会减少。不同的酿酒葡萄品种的酿造特性不同，如赤霞珠、美乐、品丽珠、西拉等适合做干红，白玉霓（Vgni Blanc）适合蒸馏白兰地，威代尔适合酿造冰酒，霞多丽既可酿造干白又可酿制起泡酒。葡萄品种与酒种区划应根据不同环境条件，选配最优的品种组成，发挥地域生态优势。

就北半球而言，葡萄主要生长在30°～50°N，葡萄产区气候形态各不相同。在北半球偏北的葡萄种植区，大多种植白葡萄品种，果农选择早熟的品种，以便能在秋凉之前完成采收工作；在偏南的地区，则选择栽种较晚熟的葡萄品种，以保证果实完全成熟，从而酿造出品质最佳的葡萄酒。土壤水分含量影响葡萄品质。春季如土壤饱含水分，可充分供给抽芽开花中的葡萄；在果实成长和成熟过程中，则必须减少水分的供应量，使得葡萄的糖度可以不受干扰地充分发挥，同时积累较多的香气，这种特性以砾质土和石灰质土表现得最为出色，沙质土和壤土也不错。土壤类型的多样性，孕育了许多别具特色的葡萄园。

另外，葡萄树龄、单株产量也会影响到葡萄的糖酸度等质量特性，进而影响葡萄酒的质量。一般幼龄期的枝蔓由于枝蔓和根系处于扩展阶段，树势未达到相对平衡，葡萄树体的抗逆性差，导致产量、品质的不稳定。衰老期的葡萄植株，其枝蔓和根系疏导组织堵塞、坏死，果实品质随之变劣。一般而言，酿酒葡萄栽植5年以后，树体生长平稳，葡萄质量稳定，适合酿造高品质的葡萄酒。

葡萄树是一种适应性较强的植物，它可以在条件极差的贫瘠土壤上成长，虽然产量受到限制，却加强了葡萄的颜色与香气，提高了葡萄酒的品质。

1.4 葡萄酒与酿酒葡萄优质生态区

葡萄酒的品质取决于原料的质量，原料的好坏除品种外，还取决于产地，优良产地将成为未来葡萄酒行业的主要竞争方向。气候因子（温度、光照、降水量等）是决定酿酒葡萄产区优劣最主要的生态因子，其次还有土壤、地形等。

酿酒葡萄优质生态区（产区）是指在简易的生产条件下，依靠当地自然的气候、土壤等生态条件，就能种植出充分体现品种典型性的酿酒葡萄原料，并依此原料在多数年份都能酿造出高品质葡萄酒的区域。酿酒葡萄优质生态区一般要求：冬无严寒、夏无酷暑，能满足葡萄正常生长结果的有效积温要求，气温日较差大、生长季日照时间大于1250 h，成熟期降雨较少，晚霜和早霜危害较小；土壤通透性良好，排水通畅，pH值在6～8，并且盐分含量低于0.1%的土壤；地势较高，不在低洼地带等条件。

在优质生态区栽培的葡萄成熟充分、风味协调。公认的优质生态区有两类，一类是西欧和中欧的气候冷凉地区，第二类被称为“中性气候类型地区”。第二类地区实际上是一种小气候类型地区，一般位于山岭的向阳面或者位于海洋、江河的南岸或西岸。世界上好的葡萄酒都强调其独特的地域性。中国蓬莱南王山谷、法国波尔多梅多克、意大利托斯卡纳、美国纳帕山谷、智利卡萨布兰卡谷、澳大利亚布鲁萨山谷、南非开普敦，它们共同拥有阳光（Sun）、沙砾（Sand）、海洋（Sea）的“3S”特质。

酿酒葡萄品种和酒种的区划常常以生长季≥10℃的有效积温为一级指标进行。澳大利亚利用最热月的平均温度对葡萄栽培区域进行了划分。法国学者将光照和温度统一考虑，制订了光热指数和光热系数。新西兰学者制订了纬度-温度指数。结合考虑生长季降水的影响，水热系数 K 和降水量也常用于葡萄栽培的区划。中国的李华指出这些指数都不能很好地划分中国的葡萄栽培区域，因此提出了以无霜期（F）为新的热量指标（一级区划指标），生长季的干燥度（DI）为新的水分指标（二级区划指标），以及年极端最低温度（三级区划指标）来划分中国的葡萄栽培区域。在GIS技术的支持下，将中国酿酒葡萄划分为四个大区，即，Ⅰ区：$160\ d<F\leqslant 180\ d$，Ⅱ区：$180\ d<F\leqslant 200\ d$，Ⅲ区：$200\ d<F\leqslant 220\ d$，Ⅳ区：$F>220\ d$。在Ⅰ区中最适宜酿酒葡萄的亚类区域是 $DI>3.5$ 的甘肃河西走廊（武威、高台）、内蒙古西部（阿拉善左旗、额济纳旗、阿拉善右旗）、宁夏贺兰山东麓、新疆北部（石河子、七角井）等是最适合酿酒葡萄栽培的区域，但需要重视冬季防寒和防御晚霜冻；在Ⅱ区中 $1.6<DI\leqslant 3.5$ 和 $DI>3.5$ 的河北怀涿盆地，甘肃白银地区，新疆伊宁、乌鲁木齐、哈密、若羌等地是最佳的栽培区，需注意防霜；在Ⅲ区中 $1.6<DI\leqslant 3.5$ 和 $DI>3.5$ 的甘肃兰州地区、新疆南部（于田、民丰、喀什、阿拉尔等）是最适合区域；在Ⅳ区中 $1.6<DI\leqslant 3.5$ 和 $DI>3.5$ 的山西侯马、四川得荣、新疆吐鲁番等地区最适宜栽培酿酒葡萄。

参考文献

贺普超，罗国光. 1994. 葡萄学. 北京：中国农业出版社.
贺普超. 1999. 葡萄学. 北京：中国农业出版社.

孔庆山. 2004. 中国葡萄志. 北京：中国农业科学技术出版社.

李德美. 2012. 深度品鉴葡萄酒. 北京：中国轻工业出版社.

李华，李甲贵，杨和财. 2009. 改革开放 30 年中国葡萄与葡萄酒产业发展回顾. 现代食品科技，**25**(4)：342-348.

李华，兰玉芳，王华. 2011. 中国酿酒葡萄气候区划指标体系. 科技导报，**29**(1)：75-79.

第2章 酿酒葡萄生长习性与环境条件

2.1 葡萄原产地生态条件

葡萄属于葡萄科(Vitaceae)的葡萄属(*Vitis* L.),是世界上最古老的被子植物之一。古生物学研究证明葡萄属植物最早出现在距今8000万年以上。7000～9000年前葡萄栽培出现于伊朗等西亚地区。现代栽培葡萄起源于野生森林葡萄,广泛分布于世界温带和亚热带地区,栽培葡萄的诞生与发展是在南高加索和小亚细亚、中亚和伊朗、地中海沿岸各国三个不同的地理区域独立进行的。葡萄属有真葡萄亚属和麝香葡萄亚属。麝香葡萄生长在北美热带和亚热带森林中,生长势强,对根瘤蚜完全免疫,对真菌病害和线虫有高度抗性,常见的种为圆叶葡萄。真葡萄亚属包括68个种,真葡萄亚属中约有20个种引入栽培,用于生产果实和砧木嫁接。

根据地理分布不同,真葡萄亚属可以分为三个种群,欧亚种群、北美种群和东亚种群。欧亚种群目前仅留1种,即欧亚种葡萄,是栽培价值最高的种,拥有许多优良品种,广泛分布于世界各地。欧亚种起源于欧洲地中海沿岸及西亚的夏干气候区。欧亚种葡萄的抗寒性较弱,易染真菌病害,不抗根瘤蚜,抗石灰质能力较强,在抗旱、抗盐及对土壤的适应性等方面,不同品种有差异。北美种群有28种,仅数种在栽培和育种中被利用。生长在美洲大陆北部的种类具有较高的抗寒性,生长在南部的种类则具有较强的抗旱性、抗盐性和抗根瘤蚜性能。在栽培和育种中常用的有美洲葡萄、河岸葡萄、沙地葡萄、伯兰氏葡萄等种。东亚种群有39种,生长在中国、朝鲜、日本、俄罗斯远东等地的森林、山地、河岸及海岸旁,其中中国约有30种。东亚种生长期较短,具有抗寒或耐湿热等特性。

法国东南部、伊比利亚岛、亚平宁半岛和巴尔干半岛是全世界最重要的葡萄酒生产地。地中海沿岸的中东和北非以生产葡萄干和鲜食葡萄为主。气候寒冷的德国葡萄产地完全集中在南部的莱茵河流域。中欧多山地,种植区多限于向阳斜坡,产量不大。东欧各国中,保加利亚、罗马尼来和匈牙利是主要生产国。俄罗斯和乌克兰的葡萄产区主要集中在黑海沿岸。北美的葡萄园几乎全集中在美国的加州、纽约州以及西北部，墨西哥和加拿大只有比较零星的种植。智利和阿根廷是南美洲葡萄酒生产的主要国家。非洲大陆的葡萄种植主要集中在南非西南部的西开普省。在大洋洲以澳大利亚最为重要，主要位于东南部以及西澳的西南一角。另外，在新西兰北岛和南岛也都有葡萄园。中国是亚洲最重要的葡萄酒生产国，产区主要集中在华北和西北。日本、土耳其、黎巴嫩和印度也生产少量的葡萄酒。气温、降水量、日照时间等气候因子对葡萄生育都会产生一定程度的影响，但其中最重要的还是温度条件，尤其是有效积温，其次，无霜期也很重要，这两个因素将决定葡萄早熟、中熟、晚熟品种的选择和搭配。

不同的气候因素如温度、光照等对葡萄浆果成分及葡萄酒的类型、质量有不同的影响。一般而言，生长在暖热区域的葡萄果实要比冷凉地区具有更高的pH值和较低的滴定酸含量。在温暖甚至更热的气候条件下，延迟采收的浆果往往容易失水浓缩导致糖度进一步升高。温度和光照对葡萄花青素合成的影响效应要大于对葡萄糖分积累的影响效应，冷凉地区更有利于果实花青素的合成。同一个品种种植在不同的区域其香气成分也有所差异，如冷凉地区生长的西拉有着不同程度的胡椒、薄荷、覆盆子、李子、黑莓、紫罗兰等香气特点，而生长在温暖地区的西拉果实有不同程度的香草、覆盆子、李子、黑莓、水果蛋糕、泥土、巧克力等香气成分。

酿酒葡萄的生长习性：葡萄是多年生落叶果树，随季节性气候变化有着不同的生长发育阶段。年周期可分为伤流期、萌芽期、新梢生长期、开花坐果期、果实膨大期、果实成熟期、新梢成熟期、落叶期、休眠期等，与之对应的农事作业则分别有：施肥、灌水、抹芽、定枝、打副梢、摘心、打药、采摘、冬剪、埋土防寒等。

葡萄生长发育周期随气候、土壤和品种而不同，当根系分布层的土温达到6.0～6.5℃时，欧洲种葡萄的根系就开始吸收水分和养分；山葡萄根系活动最早，在土温4.5～5.2℃根系开始活动；其次是美洲种葡萄，在土温5.0～5.5℃根系开始活动。根系生长最适温度为25～30℃。当昼夜平均气温稳定在10℃以上时，欧洲种葡萄开始萌芽、展叶。新梢叶片长至正常成龄叶片1/2以上时，光合产物的贡献值开始为正值。气温25～30℃最有利于叶片进行光合作用。萌芽后随着气温的升高，新梢快速生长一直持续到开花前后，开花前后同时也是当年新梢下部冬芽开始分化的时期。坐果之后，新梢生长开始减缓，生理落果后果实进入膨大期，果实缓慢膨大后随之进入封穗、转色，此时外界气温已降至适于果实成熟和上色的17～26℃范围内，甚至更低。果实软化逐渐成熟，当糖度不再上升，酸度开始下降时，品种的果实风味特点显现即可进行采收。葡萄新梢在浆果成熟前已开始木质化和成熟，新梢下部最先变为黄褐色，然后逐渐向上成熟。新梢和基部冬芽成熟的好坏将决定能否更好地接受秋冬的越冬锻炼。落叶前后即可进行冬季修剪，寒冷区域要进行埋土防寒越冬。处于休眠状态的欧亚种葡萄成熟枝条、芽眼在－20～－18℃时开始遭受冻害，根系在土温－5℃就会受冻。如果肥水管理和树体管理不好，将造成枝芽成熟不良、抗冻能力下降。在中国北方寒冷地区从11月下旬到翌年4月都为休眠期（包括生理性休眠和被迫休眠）。冰雹、大风、沙尘暴、冬春低温及早晚霜，都会影响葡萄的正常生长和结果，在管理中要注意预防和应对。

葡萄对土壤的适应性很强，一般在pH 6.0～8.0的范围内都能正常生长，在土壤蒸发量远大于降水量的干旱、半干旱地区，只要土壤盐分含量不超过2 g/kg，葡萄仍可正常生长结实。土壤的质地结构影响土壤的蓄水保水能力、养分供应、气体含量、导热等，从而影响到葡萄的生长结实和品质。常见的葡萄栽培土壤有沙砾土、沙土、壤土、黏土等。沙砾土有机质含量较少，但通透性好，矿质营养丰富；沙土导热性好，葡萄前期生长快，但冬季根系容易受冻。沙土土壤肥力差，浆果着色和成熟早；黏土结构紧密，土壤排水不良，不利于根系生长，但养分含量较多，保水力强，如不进行改良，将影响葡萄的生长和结果；壤土是介于沙土和黏土之间的土壤，具有两种土壤的特点，葡萄生长正常，但需适当控制产量以提高葡萄的品质。

在没有灌溉条件的温暖气候区，年降水量600～800 mm就能满足葡萄的生长发育。葡萄对水分需求主要集中在萌芽期和果实膨大期，花期和成熟期要控水。世界主要酿酒葡萄种植区的降雨主要集中在冬春季，为雨热不同季的地中海式气候，能够保证葡萄的品质。对于雨热同季的葡萄种植区域，如中国的7月、8月、9月，遇到降雨偏多的年份，果实的病害将加重，影响产量和品质。

葡萄是喜光植物，日照时数和光强等因素影响葡萄的生长和品质，酿酒葡萄比鲜食葡萄对光的需求要高。在欧洲葡萄酒产区的生长季内，要求生长季最低日照时间是1250 h，中国各主要产区的日照条件都能满足这一要求。良好的光照条件能促进花芽分化与枝条成熟，增加葡萄着色和糖分积累，保证品质。

2.2 红色酿酒葡萄品种

2.2.1 赤霞珠（Cabernet Sauvignon）

别名雪华沙、苏维翁，中晚熟品种，原产法国，世界栽培最广的红色品种。

植物学性状：嫩梢尖勾状，黄绿色，带红色条纹；幼叶红棕色，叶面有光泽，皱泡，叶背绒毛密；成叶圆形，中等大，深5～7裂，多5裂，深绿色，叶面光滑，有细泡，裂刻底部呈U形或拢合为圆孔。两性花。裂片闭合形成五点梅花形圆孔是该品种的典型识别特征。

农艺性状：发芽较晚，生长势较旺，树势直立，枝条粗壮，副梢发生快。结实性好，易丰产；风土适应性好，耐瘠薄土壤；果实抗病性较强。在山东济南，赤霞珠在10月初成熟。在树体不遭受严重冻害情况下，连续丰产能力强。

酿酒品质：果穗圆锥形，穗小，平均穗重142 g，有副穗。果粒着生中等紧密。果粒圆形，紫黑色，平均粒重1.4 g。果皮厚，果肉多汁，可溶性固形物含量20.8%～21.7%，在地势高的沙砾地可溶性固形物可达到23%以上，含酸量一般为0.68%～1.0%，出汁率为73.2%。新酒颜色深紫，单宁和青草味明显，一般不单独酿酒，而添加美乐、品丽珠等品种混酿。原酒经陈酿后色泽呈深宝石红色，香型突出，酒体醇厚，滋味悠长。

2.2.2 品丽珠(Cabernet Franc)

别名卡门耐特，中熟品种，原产法国，酿造红葡萄酒的主要品种之一。

植物学性状：嫩梢绿色，嫩叶边缘有红色条纹，梢尖绒毛较密；幼叶绿色附有浅红色，叶面有光泽，叶背绒毛密；成龄叶中大，心脏形，深3～5裂，叶形似赤霞珠，但叶色稍浅，叶面粗糙呈小泡状，叶背绒毛稀，叶柄洼基部V形。两性花。裂刻内常有一锯齿状突起为其主要标志。

农艺性状：生长势强旺，枝条直立、粗壮，结实力中等，短梢修剪产量较低。抗寒性强于赤霞珠，萌芽较晚。风土适应性较强，抗病性较好，对果实病害不特别敏感。成熟期较赤霞珠早一周左右。

酿造特性：果穗中等大，圆锥形，平均穗重约209 g。果粒着生紧密。果粒扁圆形，紫黑色，平均单粒重1.6 g。果粉厚，一般可溶性固形物含量21.5%，含酸量0.78%，出汁率72.5%。单品种酒色素含量中等，成熟快，果香浓郁，口感柔和，可与其他品种勾兑，是优良的改良品种。

2.2.3 美乐(Merlot)

别名梅鹿辄、梅尔诺、红赛美蓉，中熟品种，原产法国，红色主栽品种之一。

植物学性状：嫩梢绿色，绒毛较密；幼叶绿色带有黄斑，上下表面绒毛密；成龄叶中等大，心脏形，5裂，上裂刻中至深，闭合，基部U形或V形；上表面粗糙，泡状凸起明显，下表面绒毛稀；叶柄洼窄拱形或椭圆形，基部V形。

农艺性状：树势中旺，枝梢半直立，连续结果后过密枝条容易细弱，较丰产，发芽较早，不抗晚霜冻。抗病性较好，较少灰霉病，但在霜霉病发生较早的地方，花序、果穗易感病。在山东济南，美乐在 9 月下旬成熟。

酿造特性：果穗圆锥形或分支形，中等大小，平均穗重 167 g。浆果着生极紧密或松散(分支形)，近圆形，紫黑色，平均粒重 1.5 g。果皮厚，肉多汁，可溶性固形物含量一般为 18.4%～22.6%，最高可达 24%以上，含酸量为 0.59%～0.80%，出汁率为 77%。单品种酒果香明显，单宁味不强烈，酒体丰满、强劲。美乐酒成熟快，与赤霞珠勾兑可促其成熟，改善口感。

2.2.4 黑比诺(Pinot Noir)

别名黑彼诺、黑品乐、黑根地、黑美酿，早熟品种，原产法国，西欧最古老的品种之一。主要在冷凉地域栽培。

植物学性状：嫩梢绿色，绒毛密；新梢节间红色较深。幼叶底色黄绿，叶面和叶背生白色绒毛。成叶中等大，近圆形，上表面泡状凸起极强，下表面绒毛稀，叶 3 裂、5 裂均有，上裂刻基部 V 形，开张，下裂刻呈鸡冠形，叶缘向下翻转，叶柄洼基部 V 形或闭合。两性花。

农艺性状：发芽早，成熟早，但成熟期受地域气候影响较大，在冷凉地区成熟进程缓慢，着色深，可保持优雅果香。树势中庸，产量中等。耐寒性较好，抗病性差，尤其对霜霉病、灰霉病敏感。在河北沙城，黑比诺在 9 月中下旬成熟。

酿造特性：果穗圆柱或圆锥形，有副穗，平均穗重 111 g。果粒着生极紧密。果粒紫黑色，卵圆形，百粒重 145 g。果粉中厚，果皮薄，果肉多汁，一般可溶性固形物含量 17.4%～20.9%，含酸量 0.66%～0.93%，出汁率 79%。所酿干红色泽鲜艳，香气优雅，酒体细腻、柔和。与霞多丽搭配，可酿制高档起泡酒，泡沫细致，爽口，世界著名。

2.3 白色酿酒葡萄品种

2.3.1 霞多丽(Chardonnay)

别名霞多内、查当尼、沙尔多涅品诺，早熟品种，原产法国，世界上最流行的白色品种之一。

植物学性状：嫩梢尖，绒毛中少，边缘桃红；幼叶黄绿色，叶面有光泽，叶背绒毛稀少；成叶中等大小，近圆形，浅 5 裂，叶柄洼基部 V 形，叶柄洼裸脉，叶片锯齿偏小,叶面较少皱泡,叶背少量绒毛。两性花。

农艺性状:发芽早,易遭遇晚霜冻。生长势较强,枝势半直立,结实力中等偏下,适于中长梢修剪。丰产性较好,但基部芽结实性差。风土适应性较好,冷凉区、温暖区均可栽培,较适合中等肥力的钙质土壤。抗寒性较好,抗病性中等偏弱,易感灰霉病。在贺兰山东麓,成熟期在 8 月底 9 月初,比黑比诺晚熟几天。

酿造特性:果穗小,平均穗重 139 g,圆锥形,带副穗和歧肩。果粒着生极紧密,平均单粒重 1.38 g,近圆形,绿黄色。果皮薄,粗糙,可溶性固形物含量 20.0%~22.6%,含酸量 0.68%,出汁率 75%左右。果汁中糖高酸,具清香味,可酿制高档干白和优质起泡酒。

2.3.2 贵人香(Italian Riesling)

别名意斯林、意大利雷司令,晚熟品种,原产奥地利、意大利或罗马尼亚,尚无定论。在中国华东也叫意斯林。

植物学性状:嫩梢尖,淡绿色,布绵毛;幼叶黄绿色,光亮;成叶中等大,心形,五裂中深,叶片薄、光滑,锯齿大而尖,叶背有绒毛。上裂刻基部 V 形,叶面较光滑,叶背绒毛稀,锯齿钝,叶柄洼闭合,叶柄短,略带紫色。

农艺性状:发芽晚,生长势中旺,枝势直立。丰产性较好,但基部芽结实性差。风土适应性好,喜肥水,丰产性好,需控产并适时采收,适宜在生长季长的地域发展。抗病性中等。成熟期晚于霞多丽,在宁夏贺兰山东麓,贵人香在 9 月中下旬成熟。

酿造特性:果穗中小,带副穗,紧实,平均穗重 85.3 g,果粒中小,浅黄绿色带褐斑及红晕,果脐明显。皮薄,肉软多汁,中糖高酸,味清香,可溶性固形物 18.1%~22.6%。可酿制优质干白,酒色浅黄,果香浓郁,经得住陈酿。

2.3.3 雷司令(Riesling)

别名雷斯林、里斯林、白雷司令、莱茵雷司令,中晚熟品种,原产德国,是莱茵河畔古老的品种。

植物学性状:嫩梢绿色,密被绒毛;幼叶酒红色。成龄叶片中,近圆形,上表面有泡状凸起,主脉深红色,下表面绒毛稀少;5 裂,上裂刻中等深,开张,基部 U 形;叶柄布满紫红色条纹。

农艺性状:发芽中早,生长势中庸,丰产性中等偏弱,需中长梢修剪。抗寒性强,是欧亚种中最抗寒的。土质适应性强,但抗病性弱,对各种果实病害均十分敏感,适合在夏秋降雨少的地区栽培。在河北沙城,雷司令在 9 月下旬成熟。

酿造特性：果穗小，平均穗重 135 g，圆柱或圆锥形，带副穗。果粒着生紧密，单粒重 1.3 g，圆形，黄绿色，黑色斑点明显。果肉多汁，可溶性固形物含量 17.7%～21.2%，含酸量 0.87%～1.04%，出汁率 70%。皮薄，肉软多汁，酸甜适中，具清香味。可酿制优质干白，香气浓郁、典型、酸度协调，新鲜爽口，口感细腻，经得住陈酿。陈酿后有石油味，非常典型。

2.3.4 索维浓(Sauvignon Blanc)

别名长相思、常相思、索味浓、白富时，早中熟品种，原产法国。

植物学性状：嫩梢深绿，绒毛较密。叶片中等大，近圆形，叶色深绿，5 裂，上裂刻中等深，闭合或轻度重叠；叶片上表面泡状凸起，叶缘波浪形，锯齿双侧凸。两性花。

农艺性状：树势强旺，枝条粗壮，是白色品种中生长最旺的品种，避免肥水条件较好区域栽培。结实力中等，适于中梢修剪，抗病性中等偏弱，对灰霉病很敏感，较耐霜霉病。成熟期比霞多丽晚一周。

酿造特性：果穗小，圆柱形或圆锥形，平均穗重 132 g。果粒着生紧密，果粒中等大，卵圆形，平均粒重 1.5 g，黄绿色。果粉少，汁多，味酸甜，可溶性固形物含量 18.9%～25.1%，含酸量 0.51%～0.8%，出汁率 80%。索维浓的酸味重，香味非常浓，常有一股青草味，主要用来制造多果味、早熟、简单易饮的干白葡萄酒，酒质极为细腻、高雅，局部小气候生产的索维浓可用来酿制利口甜酒。

参考文献

贺普超，罗国光. 1994. 葡萄学. 北京：中国农业出版社.

贺普超. 1999. 葡萄学. 北京：中国农业出版社.

孔庆山. 2004. 中国葡萄志. 北京：中国农业科学技术出版社.

李德美. 2012. 深度品鉴葡萄酒. 北京：中国轻工业出版社.

李华，李甲贵，杨和财. 2009. 改革开放 30 年中国葡萄与葡萄酒产业发展回顾. 现代食品科技，**25**(4)：342-348.

王树生. 2009. 葡萄酒生产 350 问. 北京：化学工业出版社.

王秀芹，陈小波，战吉成，等. 2006. 生态因素对酿酒葡萄和葡萄酒品质的影响. 食品科学，**27**(12)：791-798.

翟衡，杜金华，管雪强，等. 2001. 酿酒葡萄栽培及加工技术. 北京：中国农业出版社，8-93.

中国葡萄酒信息网. http://www.winechina.com/html/2008/04/20080416617.html

Iland P, Dry P, Profit T, *et al*. 2011. The grapevine from the science to the practice of growing vines for wine, Patrick Iland Wine Promotions, Australia.

第3章　中国北方自然资源

中国以秦岭-淮河一线作为南北方分界线，中国北方区域包括黑龙江、吉林、辽宁、内蒙古、北京、天津、河北、河南（信阳虽在淮河以南但仍划为北方）、山西、山东、陕西的关中和陕北、宁夏、甘肃、青海、新疆、江苏和安徽的淮河以北地区（即淮海地区，包括徐州、连云港、宿迁、淮安、盐城、宿州、淮北、蚌埠、亳州、阜阳、淮南等）。中国北方幅员辽阔，地形复杂，气候类型多样，土壤类型丰富，为酿酒葡萄的种植提供了得天独厚的生态条件。

中国北方主要分布有三个气候带，即温带季风气候、温带大陆性气候、高山高原气候。温带季风气候分布在秦岭淮河线以北，贺兰山、阴山、大兴安岭以东以南。气候季节变化明显，冬季寒冷干燥，多偏北风；夏季温暖湿润，多偏南风，夏季普遍高温多雨，雨热同季。最冷月的平均温度低于 0℃，最热月平均温度高于 22℃。温带大陆性干旱气候分布在贺兰山以西广大内陆地区，冬季寒冷，夏季温热，气温年较差大，气温日较差亦大，光照充足，降水量少，降水集中在夏季，季节分配不均。高山高原气候主要分布在青藏高原的青海、黄土高原和天山山地，高寒缺氧，风力大，日照时间长，太阳辐射强；气温低，气温日较差大，年较差小；降水在湿润气流的迎风面上增多，在高原内部和背风面大大减少。中国北方气候复杂多样，按温度划分自北向南有寒温带、中温带、暖温带和青藏高寒区；按干燥度划分从东南向西北内陆有湿润地区、半湿润地区、半干旱地区和干旱地区。不同的气候带和气候型赋予中国北方丰富多样的农业气候资源。

葡萄属的栽培种起源于温带和亚热带，为喜温植物，对热量的要求高。葡萄生长季的气候与浆果的含糖量及成熟期密切相关（李记明等 1995）。中国北方复杂多样的气候为酿酒葡萄种植和优质生态区的选择提供了非常广阔的空间。

3.1 农业气候资源

3.1.1　热量

中国北方热量资源差异大，时空分布不均（图 3-1、图 3-2）。华北的北京、天津、河北省东部的唐山市、秦皇岛市和河北省南部的沧州市、衡水市、保定市、邢台市、山西省运城市；西北的陕西省渭南市、新疆的塔克拉玛干沙漠、吐鲁番市等区域；以及山东、河南、安徽、江苏等地热量条件好，年≥10℃活动积温在 3700 ℃·d 以上，能满足极晚熟品种葡萄正常成熟。辽西的朝阳市、阜新市；陕西延川县、延长县；宁夏平原、内蒙古的吉兰泰、新疆的石河子市年≥10℃活动积温在 3400～3700 ℃·d，热量条件较好，能满足晚熟品种酿酒葡萄正常成熟的热量条件。吉林白城市、四平市；内蒙古的通辽市、赤峰市；陕西榆林市、绥德县；山西长治县、晋城市；河西走廊的民勤县、金昌市、张掖市、武威市年≥10℃活动积温在 3100～3400 ℃·d，能满足晚中熟品种酿酒葡萄的正常成熟热量需求。黑龙江的肇东市、哈尔滨市；吉林松原市、长春市；辽宁的桓仁县；内蒙古的通辽市、毛乌素沙地、兴安盟；陕西定边县；宁夏盐池县、红寺堡区、中卫香山等地年≥10℃活动积温在 2800～3100 ℃·d，热量条件能满足早中熟酿酒葡萄的正常成熟；昼夜温差大、空气干燥的宁夏红寺堡，热量条件甚至能满足中晚熟品种赤霞珠的正常成熟。宁夏的南部山区、山西的汾阳等地年≥10℃活动积温在 2500～2800 ℃·d，热量条件能满足极早熟酿酒葡萄的正常成熟。黑龙江的黑河市、伊春市、鹤岗市；内蒙古呼伦贝尔市；青海；天山、昆仑山和帕米尔高原地区、新疆阿尔泰山区，年≥10℃活动积温小于 2500 ℃·d，热量条件不足，不能种植欧亚种酿酒葡萄。

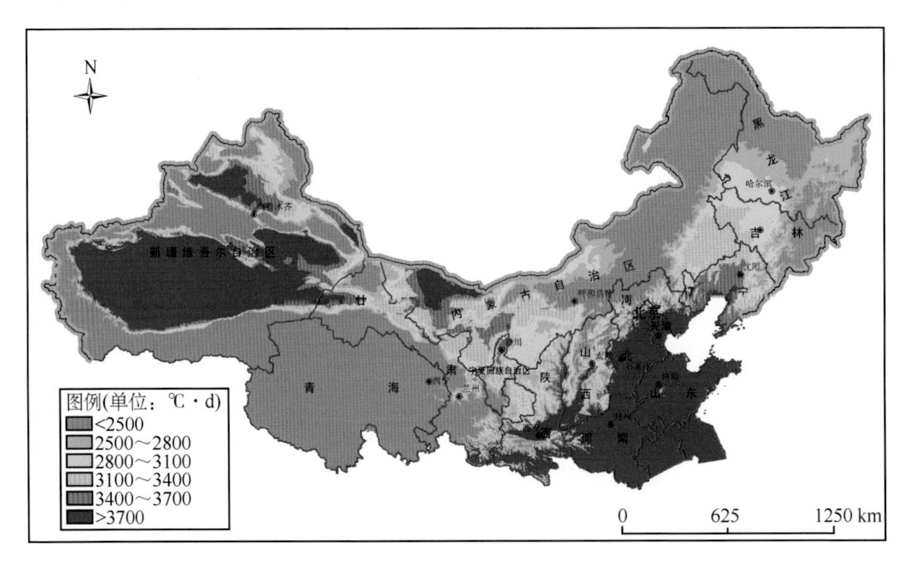

图 3-1 北方年≥10℃活动积温分布图（1981—2010 年平均）

中国北方无霜期分布不均，辽宁大部、河北南部、北京、天津、山东、江苏、安徽、河南、山西南部、陕西大部、宁夏平原、甘肃平凉市以及新疆吐鲁番市、鄯善县、哈密市、克拉玛依市、奎屯市、塔里木河流域无霜期长，在 200 d 以上。内蒙古通辽市、阿拉善左旗、阿拉善右旗、额济纳旗；宁夏中部干旱带；陕西定边县、榆林市；甘肃河西走廊；新疆的准噶尔盆地等，无霜期较长，在 180～200 d。黑龙江肇东市、哈尔滨市；吉林省大部；内蒙古阿鲁科尔沁旗等地，无霜期在 160～180 d。青海；新疆昆仑山、天山和阿尔泰山；内蒙古呼和浩特市、集宁区、二连浩特市东北部；黑龙江塔河县、黑河市等地区，无霜期在 150 d 以下，酿酒葡萄难以正常成熟。

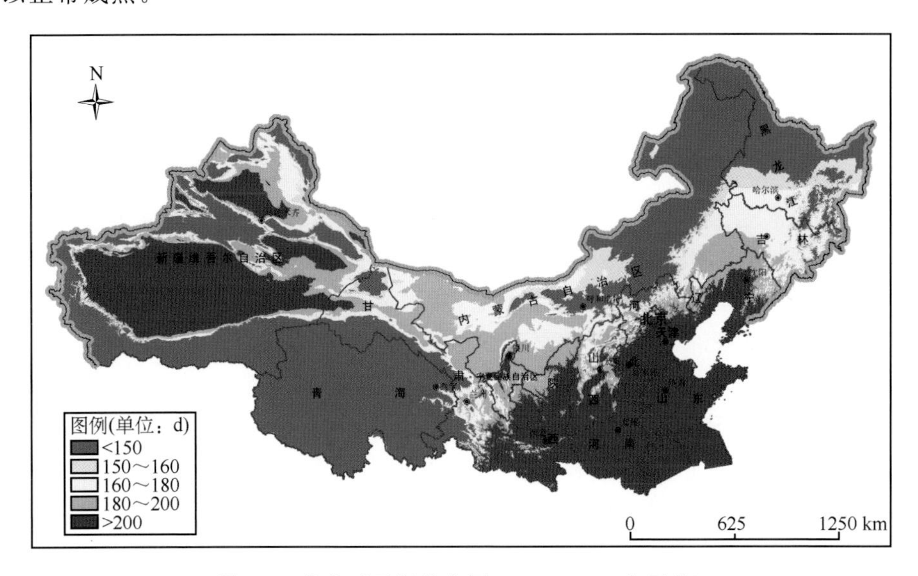

图 3-2　北方无霜期分布图(1981—2010 年平均)

≥10℃活动积温和无霜期都反映了一个地区的热量状况，≥10℃积温和无霜期的区域分布大体一致，一般而言，无霜期越长的地区，≥10℃积温也越高，反之亦然。活动积温偏低的情况主要发生在高海拔地区，如青海、新疆的青藏高原区域和甘肃祁连山区，这些地区夏季气温相对偏低，在无霜期相同的情况下，与平原地区相比≥10℃活动积温偏低。而与此相反的是在中国北部和东北部的部分地区，如内蒙古中东部地区和东北中部地区，春季温度变幅大，夏季气温高，≥10℃活动积温比较高。但受西伯利亚寒流的影响，在≥10℃积温相同的情况下，这些地区无霜期偏短，酿酒葡萄栽培易受霜冻害，不易成熟(火兴三 2006)。

青藏高原的青海省和新疆南缘、天山山区、阿尔泰山山区、祁连山山区无霜期较短，小于 150 d。而靠近海洋、低海拔地区的山东、河南、安徽、江苏、北京、天津，河北省的唐山市、秦皇岛市、保定市、邢台市，辽宁省的大连市、朝阳市，山西省的运城市、晋城市，陕西中南部地区无霜期很长，可以达到 200 d 以上。另外，内陆地区的新疆吐鲁番盆地、塔里木盆地、准噶尔盆地，宁夏银川平原、卫宁平原等地无霜期也很长，也在 200 d 以上。其他地区无霜期在 150～200 d。

3.1.2 水分

酿酒葡萄正常生长要求水分适宜，生长初期和转色期前要求土壤水分充足，开花和果实成熟期则对水分需求少，要求土壤和空气干燥，收获期降水过多会降低果实含糖量，引起裂果和烂果，易引发酿酒葡萄病害，并且影响葡萄芽的发育。

受季风气候和高原气候影响，中国北方降水量自东南向西北递减，呈明显的地带性分布(图 3-3)。降水量高值区分布在吉林通化、辽宁桓仁、江苏、安徽、河南南部和陕西的汉中等地，年降水量在 800 mm 以上，这一地区降水量多，空气湿度大，葡萄病害严重，尤其是果实采收期降水量偏多，严重影响酿酒葡萄果实品质。其次是黑龙江尚志市、五常市，吉林中北部，辽宁沈阳市、大连市，河北唐山市、秦皇岛市，山东胶东半岛、菏泽市、枣庄市，河南商丘市、许昌市、平顶山市，陕西商洛市，甘肃徽县、陇南市等地，降水量在 600～800 mm，天然降水能满足葡萄生长的需要。400 mm 等雨量线沿内蒙古呼伦贝尔市，吉林白城市、洮南市，内蒙古东南部边缘，河北张家口市，山西大同市，陕西米脂县、绥德县、吴起县，宁夏西吉县，甘肃环县、会宁县、定西市、临夏市，青海果洛州、海西州。400 mm 等雨量线以北地区空气干燥，降水量不足，需要有灌溉条件才能满足酿酒葡萄的水分需求。青海大部、甘肃河西走廊、新疆大部分地区(除伊犁河谷、天山北麓等地)降水量少于 300 mm，属于极干旱区，有良好的灌溉条件才能种植酿酒葡萄。

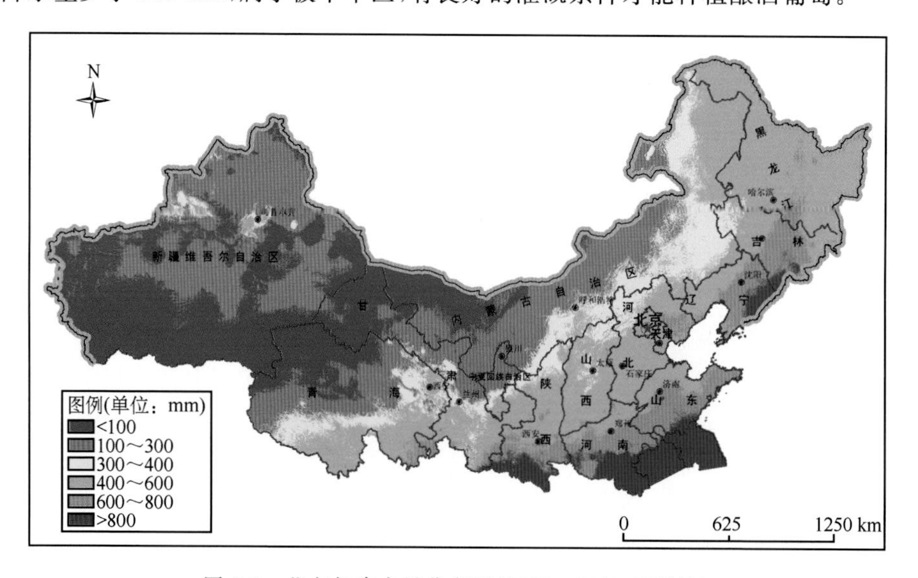

图 3-3 北方年降水量分布图(1981—2010 年平均)

中国北方大部分地区属于干旱半干旱气候区，根据张宝堃等(1959)干燥度计算方法，把中国北方划分为极干旱、干旱、半干旱、半湿润和湿润5个干湿区，干湿区域从东南向西北有明显的条带性分布(图3-4)。湿润区分布在内蒙古呼伦贝尔市、黑龙江、吉林东部、辽宁东部和青海东部，干燥度小于1.0。黑龙江西部、吉林西部、辽宁西部、河北北部、河南、山东、北京、天津、陕西南部等地属于半湿润气候，干燥度在1.0～1.5。内蒙古通辽、呼和浩特，山西大同，宁夏中部干旱带，河西走廊的张掖、武威等地属于半干旱气候，干燥度在1.5～2.5。宁夏平原、内蒙古巴彦淖尔市东部、新疆北疆的一些地区属于干旱气候区，没有灌溉就没有农业，干燥度在2.5～4.0。内蒙古额济纳旗、阿拉善左旗，青海西部和新疆的大部属于极干旱区，干燥度在4.0以上。

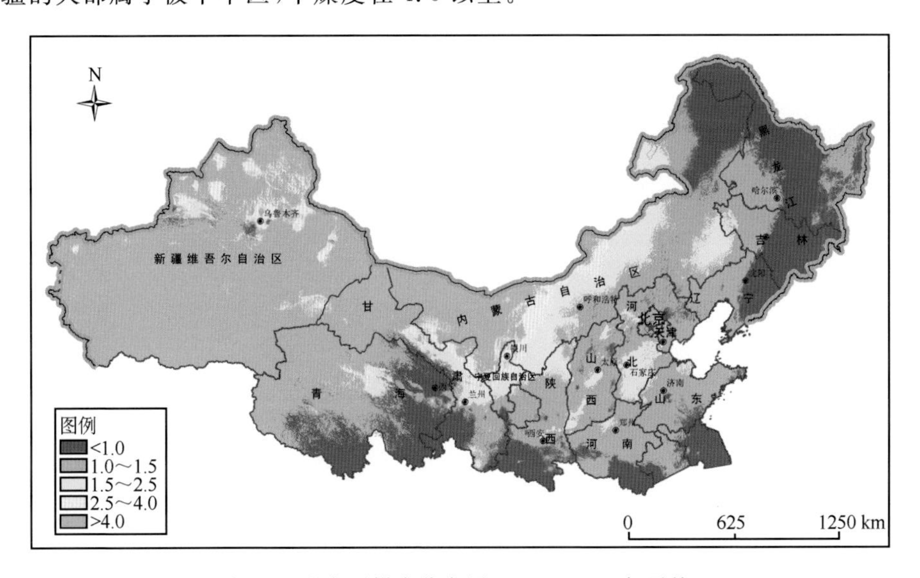

图3-4　北方干燥度分布图(1981—2010年平均)

3.1.3　光照

葡萄是喜光植物，它的这种特性是在漫长的进化过程中形成的，葡萄产量和品质主要来源于光合作用。光照有利于果实大小、色泽和内含物等品质因子的提高。葡萄果实的大小、重量、着色度、维生素等随着光强的降低而降低。日照长度对葡萄的生长发育也有一定的影响，特别是对日照长度敏感的品种，能明显地影响新梢生长、枝蔓成熟度和花芽分化等(火兴三 2006)。

中国北方日照时间长，光照充足。其中内蒙古北部、甘肃西部、青海北部和新疆东部年日照时间在3000 h以上(图3-5)。黑龙江西部、吉林西部、辽宁西部、内蒙古东部、河北北部、山西北部、陕西北部、宁夏大部、甘肃中东部、青海中东部年日照时间在2500～3000 h。陕西中南部，甘肃定西市、临夏市、平凉市，陕西铜川市、延安市，山西临汾市、运城市、晋城市，河南三门峡市、濮阳市、新乡市、鹤壁市，山东大部，安徽，江苏，黑龙江中东部，辽宁中东部，吉林中东部年日照时间在2000～2500 h，完全能满足酿酒葡萄对光照的要求。只有甘肃陇南市、陕西汉中市少量地区年日照时间在1500 h以下。中国北方日照时间长，完全能满足酿酒葡萄对光照需求，因此光照不是中国北方酿酒葡萄种植的限制因子。

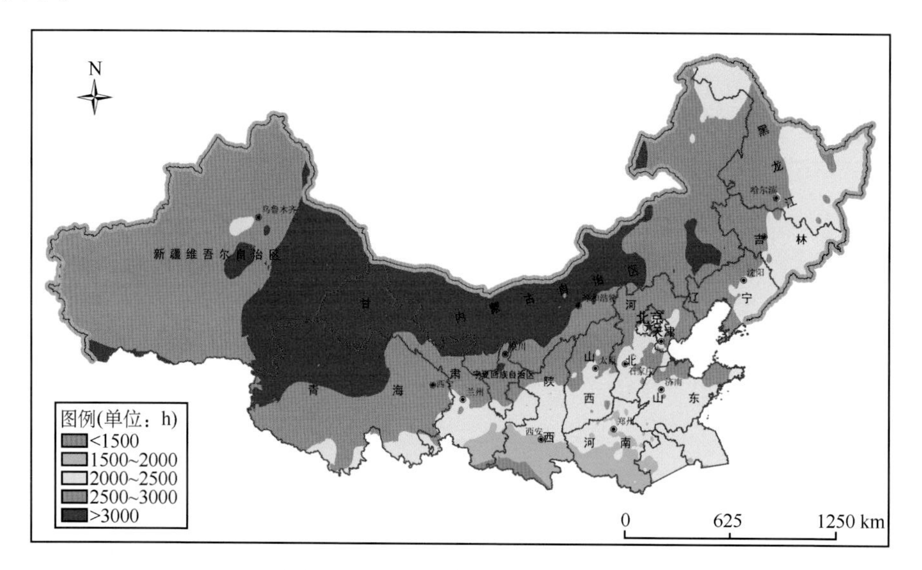

图3-5 北方年日照时间分布图(1981—2010年平均)

3.1.4 温差

昼夜温差对葡萄品质也有很大影响，成熟期白天温度较高而夜间温度较低，可使葡萄果实着色良好，含糖量和品质都有提高。对于美洲品种，低温有利于花色苷的形成(火兴三 2006)。

中国北方气温日较差分布有明显的地带性(图3-6)。东部沿海地区气温日较差较小，西部内陆地区气温日较差很大。辽宁大连市、沈阳市、北京、天津、山东、河北南部、安徽、江苏、河南、陕南等地，气温日较差较小，在7～10℃，不利于酿酒葡萄糖分积累。黑龙江、吉林、辽宁北部、内蒙古、山西、陕北、宁夏、甘肃、新疆的塔克拉玛干沙漠地区气温日较差在10～12℃，有利于酿酒葡萄的糖分积累。青海、新疆天山、阿尔泰山等地气温日较差过大，超过13℃，对葡萄生长有不利影响。

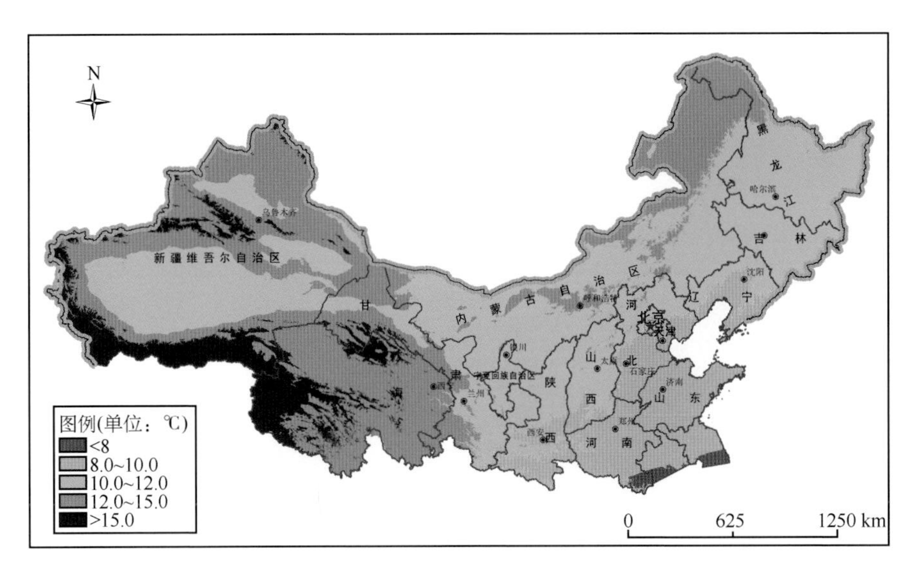

图 3-6 北方平均气温日较差分布图(1981—2010 年平均)

3.1.5 其他

葡萄是亚热带果树，极端最低气温对酿酒葡萄的生长影响很大，通常能决定酿酒葡萄能否种植，也决定酿酒葡萄越冬是否需要埋土防寒。在北方冬季休眠期间，欧亚种品种的成熟枝芽一般只能忍受－20～－18℃的低温，根系只能抵抗－5～－3℃的低温；而美洲种或欧美杂交品种的枝条和根系，分别能忍受－20℃以下和－7～－6℃低温。在抗寒力上，欧亚种的葡萄，芽刚萌动时能忍受－2～－1℃的低温，但在－4～－3℃时发生冻害，而美洲种和欧亚种杂交葡萄较抗寒，有时在－4～－3℃的低温下，也不会发生冻害(李华 2002)。

中国北方黑龙江、吉林、内蒙古东北部、甘肃祁连山区、新疆天山、阿尔泰山区、昆仑山区、青海可可西里等地极端最低气温在－40℃以下(图 3-7)，不能种植欧亚种和美洲种葡萄，只能种植山葡萄。山东大部、江苏、安徽、河南、陕西汉中市、安康市、甘肃陇南市、天津南部、河北中南部和北京的部分地区年极端气温高于－15℃，种植酿酒葡萄不需要埋土越冬(图 3-7)。其他区域种植酿酒葡萄需要埋土越冬。

最冷月平均气温(1 月份，见图 3-8)－20℃以下的区域分布在黑龙江西北部、内蒙古东北部和新疆的阿尔泰山、天山一带。最冷月平均气温－15℃北界在吉林集安市、四平市，内蒙古通辽、阿鲁科尔沁旗、正蓝旗、镶黄旗、苏尼特右旗。新疆的阿尔泰山区、天山西段、塔里木盆地南缘、青海可可西里、玛多县等最冷月平均气温低于－15℃，自然条件下不能种植欧亚种酿酒葡萄。

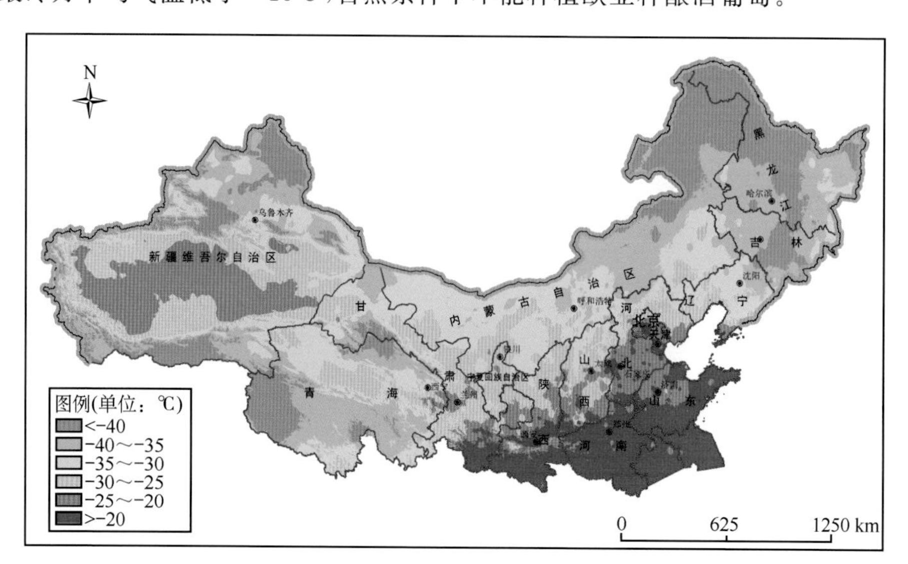

图 3-7 北方年极端最低气温分布图(1981—2010 年平均)

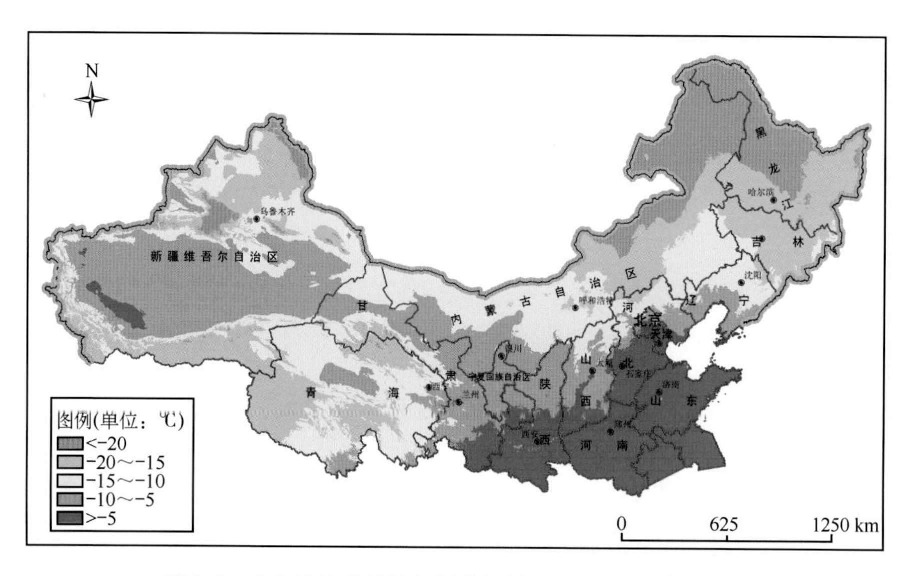

图 3-8 北方最冷月平均气温分布图(1981—2010 年平均)

3.2 土地

3.2.1 土壤类型

世界著名葡萄产区，除了与之相适应的品种、气候等因素外，与其土壤资源息息相关，葡萄酒的独特风味在很大程度上取决于土壤对品种的影响。法国人普遍认为，只有在某种特定土壤中栽培的葡萄，才能酿造出具有特殊风味的世界名酒。例如，在法国，黑佳美只有在博若莱地区的酸性土壤上栽培，才能生产出最好的葡萄酒；白玉霓只有栽培在夏朗特地区的钙质黏土上才能生产出质量最好的白兰地(李华 2009)。田维鑫等(2000)在研究中发现，栽培于紫沙壤土上的葡萄其含糖量、着色度及鲜果风味都明显优于其他土壤类型。

中国土壤资源丰富、类型繁多，世界罕见(图 3-9)。中国主要土壤发生类型可概括为红壤、棕壤、褐土、黑土、栗钙土、漠土、潮土(包括砂姜黑土)、灌淤土、水稻土、湿土(草甸、沼泽土)、盐碱土、岩性土和高山土等 12 系列。分析中国北方几个酿酒葡萄主产区，东北产地以黑钙土为主；渤海湾产地土壤类型复杂，有沙壤土、海滨盐碱土和棕壤土等，优越的自然条件使这里成为中国著名的酿酒葡萄产地；河北沙城地区土壤以褐土为主，质地偏沙；山西清徐产地土壤为壤

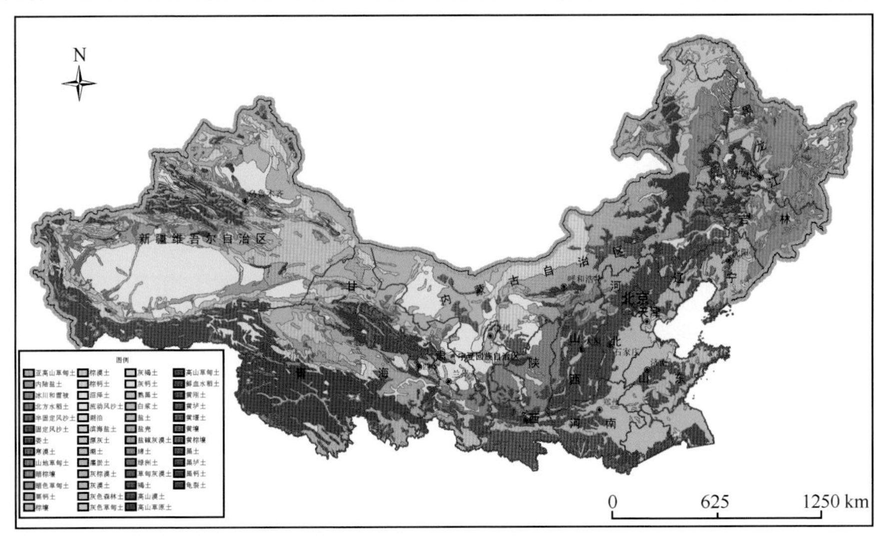

图 3-9 北方土壤类型图

土、沙壤土，含砾石；宁夏银川产地以灰钙土（淡灰钙土）、沙壤土为主，含砾石等。综合上述现状，适宜酿酒葡萄种植的土壤类型主要包括以下几种：

黑钙土：主要分布在长白山麓和东北平原，土壤 pH 值为 7.0～8.5。黑钙土的母质多为冲积湖积或洪积物和黄土状物质，其厚度为 30～50 m 不等；此外还有岩石风化残积、坡积物，如页岩和红色页岩风化残积物及中性火成岩、砂岩、砾岩风化坡积物等。土壤较为肥沃，腐殖质含量最为丰富，腐殖质层厚度大，土壤颜色以黑色为主，呈中性至微碱性反应，钙、镁、钾、钠等无机养分也较多。在应用时要注意防止春旱夏涝，改善土壤水分状况，同时增施有机肥料，平衡养分。

棕壤：主要分布在辽东半岛、胶东半岛北部丘陵和大泽山。棕壤 pH 值为 5.5～7.0，土壤质地因成土母质类型不同而变化较大，其中酸性棕壤发育在花岗岩、片麻岩、混合岩、石英岩、非钙质沙页岩的残积、坡积物上，常含有较多的石块和沙砾，质地偏沙，且不均一，多为壤质沙土至沙壤土，有时甚至出现沙土，这类棕壤透气性强，利于葡萄根系的生长，是葡萄栽培的较适宜土壤类型，但要注意增加有机肥；而成土母质为坡积物、洪积物、黄土状沉积物和冲积坡积物的白浆化棕壤，质地较细，表层粉沙壤，中层黏壤或黏土，土层深厚，有机质含量较高，磷钾含量也较高，保水性好，抗旱。但透水性差，栽培葡萄需要注意增加土壤通透性。丘陵地要防止水土流失。

褐土：褐土主要分布在陕西关中、晋东南、豫西以及燕山、太行山、吕梁山、秦岭等山地低丘、洪积扇和高阶地。土壤 pH 值为 7.0～7.5，母质以黄土状物质为主，但仍有各种岩石的风化物，表层质地多为轻壤，多为粒状到细核状结构、疏松，心土为中壤-重壤，较紧实。褐土是酿酒葡萄的适宜栽培土壤，在丘陵或低地的褐土要注意水土保持和抗旱，增加微量元素肥的施用。

黑垆土：分布于陕西北部、甘肃东部、宁夏南部、山西北部和内蒙古的黄土塬地、黄土丘陵和河谷高阶地。土壤 pH 值为 8.0～8.5。由黄土母质形成，土层深厚、质地适中，颗粒组成以粉沙粒为主，其含量约占一半以上，耕层具有团粒和团块状结构，疏松软绵，通透性好，保水力强，升温快，是栽培酿酒葡萄的适宜土壤类型，但要加强水土保持，解决灌溉问题。

栗钙土：主要分布于西北地区和内蒙古自治区，是中国北方分布范围极广的半干旱草原典型土壤，土壤 pH 值 7.5～9.0，土层较厚，表层土壤质地为沙壤至沙质黏壤，粒状或团块状结构，透水透气好，是较适宜酿酒葡萄种植的土壤类型。在应用时要注意解决灌溉问题，同时部分地区要增施微量元素肥。

灌淤土：主要分布于银川、内蒙古后套及辽西平原。灌淤土形成在于引用含有大量泥沙的水流，经长期灌溉而形成，由于灌水落淤，逐渐加厚土层，并经种植与施肥消除了淤积层理，改善了土壤结构，从而使灌淤土层逐渐加厚，土壤的理化性质因地区不同而异，西辽河平原的灌淤土，质地较黏重，有机质含量2%～4%，不适宜酿酒葡萄种植；而河套地区的灌淤土，表层土壤质地疏松，呈块状或屑粒状结构，能够种植酿酒葡萄。

风沙土：主要分布在中国北部的半干旱、干旱和极端干旱地区，是发育于风成沙性母质的土壤，土质地粗，细沙粒占土壤矿质部分重量的80%～90%，而粗沙粒、粉沙粒及黏粒的含量甚微，透水透气性好，土壤表层多为干沙层，厚度不一，是酿酒葡萄种植的适宜土壤。但由于风沙土有机质含量低，且风沙土保水性能差，容易发生干旱，应用时要注意水肥管理，保证酿酒葡萄有充足的养分和水分。

3.2.2 土壤质地

土壤质地对酿酒葡萄种植具有非常明显的影响，适宜的土壤质地对葡萄品质的提高有积极影响，葡萄一般喜粗沙土和砾质壤土，沙质、土层深厚、疏松、通透性好的土壤对酿酒葡萄生长较为适宜（李世泰等 2004）。徐淑伟等（2009）在河北省葡萄主产区研究了葡萄品质与土壤质地的关系，发现葡萄品质从差到优，轻壤土所占的比例越来越高，而中壤土和重壤土所占的比例越来越低。目前国内外有多种土壤质地划分标准，包括国际制、美国制和卡庆斯基制等，中国土壤质地分类系统主要是结合中国土壤的特点，采用卡庆斯基制的质地分类方法，按照沙粒、粉粒和黏粒的质量分数划分出沙土、壤土和黏土三类。

沙土按照中国制土壤分类标准，沙粒（粒径 0.05～1 mm）含量大于 50%为沙土。沙土疏松通气性强，排水良好，昼夜温差大，有利于干物质积累，但营养含量低，保肥保水力差，易干旱。地中海边上的葡萄园往往是近全沙性的沙土，中国黄河故道地区及滨海葡萄园沙性也很大。该类土壤较适宜葡萄的栽培，但在使用时的关键是要施用有机肥，少施勤施，同时，注意灌溉。在沙土上种植的葡萄常表现为成熟早、含糖量高、果粒小的特点。

壤土指土壤颗粒组成中黏粒、粉粒、沙粒含量适中的土壤。质地介于黏土和沙土之间，兼有黏土和沙土的优点，通气透水、保水保温性能都较好，是较理想的农业土壤。按照中国使用的卡庆斯基分类制，壤土按照沙粒含量多少，还可进一步分为轻壤、中壤和重壤，轻壤又叫沙壤，含沙粒较多，重壤又叫黏壤，黏粒较多。其中，轻壤土质疏松，空隙度适中，体积质量较小，通气排水及保水保肥性良好，非常有利于葡萄根系生长，是酿酒葡萄栽培的适宜土壤，尤其适于种植白葡萄品种，生产的白葡萄酒质地细腻，富于果香，如果土中含有一定石砾也可以生产出优质红葡萄酒。

黏土指含沙粒很少、有黏性的土壤，其保肥保水力强，养分含量丰富，温度变化小而且慢，不容易干旱，但积涝后排水困难，湿时泥泞，干时龟裂。黏土的通透性差，易积水，导致根部窒息，毒害根系，一般应避免在重黏土上种植葡萄，干旱时又易板结，对葡萄根系、地上部生长和果实品质均不利(翟衡等 2001)。

中国著名的葡萄产区，除了适宜的气候条件外，土壤质地不同造成酿酒葡萄品质差异很大。武威市在河西走廊的酿酒葡萄种植区中占关键性地位，刘明春等(2006)的研究指出，其土壤是由灰棕漠土、草甸土、草甸沼泽土等经长期灌耕淋溶、耕作施肥等人为成土作用演变形成的绿洲灌淤土、盐化灌淤土等。山东烟台土质即以沙质壤土为主，土层深厚，土壤疏松，通透性良好，沙质土壤通透性强，渗水性能好，同样可弥补 7、8 月降水较多易造成的土壤过湿问题。而且沙质土壤热容量小，土壤的昼夜温差大，所产葡萄含糖量高，品质好(李世泰等 2004)。贺兰山东麓葡萄产区位于银川平原西部边缘，土壤为灰钙土(淡灰钙土)和风沙土，土质多为沙性，质地疏松、富含钙质、通水透气性能强，使葡萄具有较高的质量和优雅的香气(李玉鼎等 2006a)。

3.2.3 土壤养分

土壤养分是指由土壤提供的植物生长所必需的营养元素，土壤中能直接或经转化后被植物根系吸收的矿质营养成分。一般土壤养分包括 N、P、K、Ca 等大量元素和 Fe、Zn、Mg、Mn 等微量元素。土壤养分含量因土而异，变化极大，主要取决于成土母质类型、有机质含量和人为因素的影响。中国耕作土壤的养分含量为：氮 0.03%～0.35%；磷(P_2O_5)0.04%～0.25%；钾(K_2O)0.1%～3%；其他养分的含量通常分别在百万分之几或十万分之几左右。土壤养分的总贮量中，有很小一部分能为当季作物根系迅速吸收同化的养分称有效养分，其余绝大部分必须经过生物的或化学的转化作用方能为植物所吸收的养分称潜在养分。一般而言，土壤有效养分含量约占土壤养分总贮量的百分之几至千分之几或更少。故在农业生产中，作物经常出现因某些有效养分供应不足而发生缺素症的现象。据统计，中国耕地几乎普遍缺乏有效氮素，近三分之二的耕地缺乏有效磷素，有三分之一的耕地缺乏有效钾，必须借助肥料以弥补其不足。

法国的原产地概念很大程度上取决于土壤化学性质。不同类型的土壤各种矿质元素的丰缺状况不同，生产出来的葡萄酒风味也有差别，但归根结底营养平衡是葡萄丰产优质的前提。原则上说，平原土壤，土层深厚、肥沃，有机质含量高，矿质营养丰富，尤其是氮素较多，水源较充足，葡萄生长旺盛，产量高，成熟迟；相反，比较瘠薄的山区丘陵地，土层较浅，土壤有机营养和水分供应受限，葡萄生长势中庸，产量较低，但品质较好(翟衡等 2001)。

土壤养分对葡萄植株营养有很大意义。由植物残体分解形成的土壤有机物质可促进形成良好的土壤结构，并是植物氮素供应的主要来源，由于化学成分的不同，土壤具有不同的酸碱度。一般在 pH 值为 6～6.5 的微酸性环境中，葡萄的生长结果较好。在酸性过大（pH 值接近 4）的土壤中，生长显著不良，在比较强的碱性土壤上，开始出现黄叶病。因此 pH 值过大或过小的土壤需要改良后才能种植葡萄。土壤中的矿物质均是葡萄的重要营养元素，这些元素以无机盐的形态存在于土壤溶液中时才能为根系吸收利用。此外，在土壤溶液中还存在一些对植物有害的盐分，包括碳酸钠、硫酸钠、氯化钠及氯化镁等，这些盐分积累的多少决定着土壤盐碱化的程度（李玉鼎等 2006b）。

土壤 N、P、K 作为葡萄营养的三要素，其含量决定施用有机肥量、施用化肥的种类和数量。根据西欧葡萄栽培的施肥标准一般是：

氮：土壤含 N 量＞0.2％时为富氮，0.15％～0.2％时良好，0.1％时中等，＜0.1％时为缺氮。但总氮量不代表植株可以吸收利用的氮，由于土壤微生物活力的限制，一般植株只能利用其 2/3，不足量要通过施用化肥来补充。

磷：土壤中可利用的磷依母质而异。轻壤土 H_2PO_4 含量＞0.03％、黏壤＞0.04％为极富磷土壤；轻壤土 H_2PO_4 在 0.025％～0.03％、黏壤在 0.032％～0.04％为富磷土壤；中等含量的标准分别为 0.016％～0.025％和 0.02％～0.032％；而缺磷的指标分别为＜0.016％和＜0.02％。中国大部分地区缺磷。

钾：葡萄也称钾质果树，在其生长发育过程中对钾的需求和吸收超过其他各种果树。一般黏土富钾，壤土中等，沙地及钙质土缺钾。土壤可溶性钾含量＜0.015％为缺钾，需要施肥；可溶性钾含量 0.015％～0.04％可少量施钾；可溶性钾含量＞0.04％则不缺钾。

微量元素与成土母岩有关，在盐碱性土壤或酸性土壤上很容易发生微量元素的缺乏或过多。

在国内著名酿酒葡萄生产基地，土壤养分都多少呈现不足，根据各地土壤养分状况结合葡萄需肥规律指导施肥。其中，武威市土壤营养元素总体表现为 N、P 不足，K 较富足，土壤有机质含量通常在 1.0％以下，pH 值 6.0～8.0，呈中性或偏碱性，葡萄施肥就要注意 N、P 肥的补充，以平衡养分比例（刘明春等 2006）。贺兰山东麓地区不同土壤类型的土壤肥力相差悬殊，土壤普遍缺乏有机质和速效氮肥，但磷、钾元素丰缺差异较大，该地区的突出问题是提高土壤肥力，特别是提高土壤有机质含量（李玉鼎等 2006b）。

3.2.4　地下水

水资源是人类生存和发展不可替代的宝贵自然资源，中国淡水资源总量约为28124亿 m^3，人均占有淡水资源量为2163 m^3，不到全球人均占有淡水资源量的四分之一。中国北方横跨北纬31°23′～53°26′，东经73°21′～135°20′，西部以干旱半干旱的内陆盆地及黄土高原地貌为主，主要有关中平原、河套平原、河西走廊和天山南北麓冲洪积平原；东部主要为大型冲洪积形成的平原盆地，有华北平原、山西六盆地、三江平原及松辽平原等。土地资源丰富，光热资源充沛，有着得天独厚的农业资源。土地面积570.55万 km^2，占全国土地面积的59.4％，而水资源总量仅占全国的20.5％，占全国淡水可采资源量的43.5％，水土资源组合十分不匹配。

北方地区地域辽阔，自然条件十分复杂，各地区差异很大，导致地下水资源的形成和分布具有明显的不均匀性，东西向排列的昆仑山-秦岭淮河一线，不仅是自然地理景观、地史发展的重要分界，就区域水文地质条件来说，也是中国地下水分布规律不同的南北界线，对区域地下水资源分布产生了深刻影响。此线以南水资源丰富，以北地区水资源明显匮乏。北方地区地下水主要分布在华北平原、东北平原、西北内陆盆地及河谷、山间盆地和丘陵地区，地下水开采除城镇和农村饮水供水外，还用于灌溉和抗旱。北方地区地下水重要性要比南方的大。从各地区分布来看，占全区面积45％的东北和华北地区，其天然资源占54.3％，开采资源占62.4％，而占全区面积52.5％的西北地区，只占全区天然资源的40.3％、开采资源的30.4％。而就地下水开采率来说，华北地区地下水开采率为76％，东北地区65％，西北地区25％，地下水超采现象普遍。

地下水在国民经济建设中起着十分重要的作用，尤其在中国北方，无论在农业、工业和生活等方面的供水中，都占有很大比重，有的地方甚至成为唯一的水源。如河北、山西和北京地下水占总供水量的比重分别达到74.3％、66.8％和64.5％，而地下水用水量中农业用水占的比重最大，如甘肃、吉林、河北和新疆分别达到80.2％、76.7％、76.6％和76.6％。地下水具有水量稳定、就地开采、投资少、见效快等特点，是北方发展农业的重要水源。

3.2.5 灌溉条件

中国农田以补充灌溉为主，80％的粮食产于灌溉农田，灌溉面积为0.63亿 hm^2，居世界首位，占全国耕地面积的50％，灌溉用水量约为4000亿 m^3，占全国总用水量的70％左右，约占世界农业总用水量的17％，是用水大户。据调查，北方灌区渠系利用系数一般为0.4～0.5，如新疆、宁夏、甘肃和青海的灌区都在0.4～0.45。海河流域的渠系利用系数一般约0.45，井灌区灌溉水的利用率为0.6～0.7。中国北方地区的地下水是工业、农业和生活用水的重要水源，其中大约70％的地下水资源开采量用来灌溉农业。

在降水量小于400 mm的地区(图3-3),需要有灌溉条件保障才能种植酿酒葡萄。宁夏的中卫市、红寺堡区、青铜峡市、永宁县、银川市、惠农区,内蒙古的乌海市、巴彦淖尔市、包头市等河套灌区,得黄河水利灌溉便利,有充分的灌溉条件保障。甘肃白银市、兰州市有部分地区可以引用黄河水灌溉。内蒙古通辽市主要靠西辽河水灌溉,甘肃武威市、张掖市、民勤县、敦煌市主要靠祁连山降水径流灌溉;新疆的天山北麓、吐鲁番主要靠天山降水径流灌溉;新疆阿克苏市、库尔勒市、和静县、和硕县等地区主要依靠阿克苏河、塔里木河、孔雀河、开都河等灌溉,这些地区灌溉水受到自然条件限制,葡萄园灌溉不能得到充分保障。宁夏中部干旱带的盐池县、同心县,陕西定边县、榆林市,内蒙古鄂尔多斯市主要依靠开采地下水灌溉,灌溉水质对葡萄品质有一定影响。

3.3 地理条件

3.3.1 地形和海拔高度

中国的地势西高东低,自西向东逐级下降,形成一个层层降低的阶梯状斜面(赵济 2013),中国北方地区的地势特点同全国总体情况相似。青藏高原北部(青海省),海拔高达3000~5000 m,为北方地区最高的一级地形阶梯,境内分布着一系列近东西或西北-东南走向的山脉,海拔在5000~7000 m。在这些山脉之间,分布着地表起伏和缓、面积广阔的高原和盆地,并有星罗棋布的湖泊。

青藏高原外缘以北、以东,地势显著降低,再向东,以大兴安岭、太行山一线为界,构成中国北方第二级地形阶梯,主要由广阔的高原和盆地组成,其间也分布着一系列高大山地。与青藏高原西北部毗邻的是中国最大的塔里木盆地,海拔1000 m左右;再往北是准噶尔盆地,海拔多在500 m左右;两大盆地之间耸立着东西走向的天山山脉,海拔4000~5000 m,部分山峰高逾6000 m,山地内部还分布许多断陷盆地。青藏高原东北侧与祁连山北麓相接的是河西走廊和阿拉善高原,海拔在1000~1500 m。这些盆地和高原由于深居内陆,干燥少雨,盆地中戈壁、沙漠广布;河渠沿线,绿洲农业断续分布。青藏高原东缘以东的第二级地形阶梯上,自北而南分布着内蒙古高原、鄂尔多斯高原、黄土高原,海拔1000~2000 m不等,由于地表组成物质和内、外应力的不同,使地表形态差别极为显著,有的地势起伏和缓,牧草丛生;有的荒漠广布,沙丘累累;有的沟壑纵横,梁、峁遍布。高原上的山地很多,如阴山、六盘山、吕梁山、秦岭,海拔大多在

1500～2500 m，少数高峰达 3000 m 以上。

在第二级地形阶梯边缘的大兴安岭至太行山一线以东，是第三级地形阶梯，主要以平原、丘陵和低山地貌为主。自北而南分布着东北平原、华北平原，海拔多在 200 m 以下，这里地势低平，沃野千里。在这些平原、低山丘陵以东，还有一列西南-东北走向的山脉——长白山、千山、鲁中山地，海拔多在 500～1500 m，虽然绝对高度不大，但从低海拔的平原和谷地仰望山峦，也颇为巍峨。

在中国北方辽阔的大地上，有雄伟的高原、起伏的山岭、广阔的平原、低缓的丘陵，还有四周群山环抱、中间低平的大小盆地。

地形和海拔高度是影响温度和热量条件的重要因素，对酿酒葡萄生长发育有着重要影响。世界上大部分葡萄园分布在北纬 20°～52°及南纬 30°～45°，绝大部分在北半球。海拔高度一般在 400～600 m。因为这个区域远离两极，也远离赤道，避免了极端天气对葡萄生长的不利影响。中国葡萄多种植在北纬 30°～43°，以 35°左右较为集中（翟衡等 2001），最北限在北纬 45°以南的长白山麓和东北平原。一般情况下平原特别是山前冲积平原、低缓的丘陵和盆地等地形较为适宜酿酒葡萄生长，而海拔较高的高原、陡峭的山岭不适合酿酒葡萄生长。目前中国北方十大酿酒葡萄产区基本都分布在平原、盆地和低缓的丘陵上，如武威酿酒葡萄产区为祁连山山前冲积-洪积平原，宁夏贺兰山东麓酿酒葡萄产区为贺兰山洪积平原（系黄河冲积平原与贺兰山冲积扇之间的洪积平原地），沙城产区主要分布在怀涿盆地，清徐产区为汾河谷地（主要为山前洪积扇、倾斜平原和冲积平原），渤海湾酿酒葡萄产区以丘陵山地为主、滨海滩地次之，新疆产区主要为盆地（南疆塔里木盆地，东疆哈密、吐鲁番盆地，北疆准噶尔盆地南缘沿天山一带），黄河故道产区主要为安徽、河南等地黄河故道区，北方寒地产区主要为长白山山前平原和东北平原。其中山前冲积-洪积平原由于土壤相对贫瘠、多砾石、微量元素高、通透性好等特点更适合酿酒葡萄生长，生产出的酿酒葡萄质量更加优良。

根据目前的种植区域状况和相关研究结果，酿酒葡萄较适宜生长在海拔 1600 m 以下的地区，中国北方地势起伏较大，处于第一阶梯的青藏高原北部（青海省）由于海拔过高、气候过于冷凉，大部分地区不适宜酿酒葡萄生长，而第二级阶梯和第三级阶梯由于海拔较低，大部分地区的气候条件适宜酿酒葡萄生长。从中国北方现有酿酒葡萄种植区的海拔情况看，新疆吐鲁番盆地的鄯善县等地在海平面以下，环渤海湾地区多在 200 m 以下，怀涿盆地多在 600～800 m，山西清徐多在 700～1000 m，甘肃武威等地在 1400～1600 m，宁夏贺兰山东麓多在 1100～1200 m，但近年来新发展的红寺堡种植区的海拔已达 1400～1500 m。从酿酒葡萄的品质看，各个海拔高度的种植区均能生产出品质优良的酿酒葡萄原料，并且多分布在第二级地形阶梯上。

3.3.2 坡向和坡度

中国北方地域辽阔，按地貌形态区分可分为山地、高原、丘陵、盆地、平原五大基本类型，以山地和高原的面积最广（赵济 2013）。北方的山脉根据走向可分为以下几种类型：(1)南北走向的山脉，主要有贺兰山、六盘山；(2)东西走向的山脉，主要有天山、阴山、秦岭和燕山；(3)北偏西走向的山脉，主要有阿尔泰山、祁连山、小兴安岭；(4)北偏东走向的山脉，主要有大兴安岭、太行山、长白山、千山和鲁中低山丘陵。在北方纵横交错的山地中，有三大高原（青藏高原、内蒙古高原和黄土高原）、三大盆地（塔里木盆地、准噶尔盆地和柴达木盆地）和两大平原（东北平原、华北平原）镶嵌其中。

一般情况下，中国北方海拔 1600 m 以下的高原、盆地和平原的气候条件能满足酿酒葡萄正常生长需要。但从国情考虑，中国人多地少，耕地不足。因此，葡萄应上山下滩，不争占良田。从葡萄生物学习性考虑，欧亚种的葡萄怕湿惧寒，应避免选择涝洼地、黏重土壤或风口寒地；从葡萄产品的质量考虑，温暖向阳的丘陵和山前缓坡地、砾质壤土最有利于果实糖酸物质的积累和色素、芳香物质的形成。因此丘陵和山前缓坡地（冲积-洪积平原）是建设酿酒葡萄园的最佳选择（翟衡 2001）。

在大的地形条件相似的情况下，不同坡向的小气候有明显差异。通常以南向（包括正南向、西南向和东南向）的坡地受光热较多，平日气温较高。坡地的增温效应与其坡度密切相关。一般坡地向南每倾斜 1°，相当于纬度南移 1°（约 112 km）。受热最多的坡地角度约为 20°～35°（在北纬 40°～50°范围）。葡萄因较耐干旱和土壤瘠薄，可以在小范围内发育根系，所以比其他果树更适宜在坡地上栽培，然而坡度越大水土流失越严重，葡萄园的土壤管理也愈困难，因此，在种植葡萄时应优先考虑坡度在 20°以下的缓坡地。例如德国，有 17%的葡萄园建于坡度 20°～70°的山地上，有 40%的葡萄园位于坡度 5°～20°的坡地上，有 43%的葡萄园位于坡度 5°以下的缓坡或冲积平原上。

从中国北方的山脉走向结合冬春季的盛行西北风或者偏北风的情况分析，酿酒葡萄更适合种植在山脉的东麓（南北走向的山脉，如贺兰山等）、南麓（东西走向的山脉，如天山等）、西南麓（北偏西走向的山脉）和东南麓（北偏东走向的山脉）。但实际生产上并不尽然，与山脉两侧的地形有关。如祁连山虽为北西走向的山脉，但由于其处于青藏高原外缘，西南面海拔较高、气候冷凉，并不适合酿酒葡萄生长，反而是东北麓地区的武威、张掖等地所产葡萄品质优良、风味独特。

在丘陵、山地上建设酿酒葡萄园的时候要根据坡度的变化情况区别对待：(1)坡度小于10°，基本属于缓坡地，水土流失程度轻，葡萄可顺着坡种，不需要修梯田。一般土层较厚，丰产性好，适于机械化作业，可建现代化大型葡萄园。(2)坡度在10°～20°之间，已感觉到明显的起伏，仍可不修梯田，但葡萄最好沿等高线种。中国习惯于挖撩壕或鱼鳞坑，成片横向栽植。拖拉机作业困难大。葡萄的产量和质量可得到最佳平衡。(3)坡度达20°以上时，基本属于山地，必须修筑梯田才能减少水土流失，基本是人工作业。该类地一般土层瘠薄，易干旱，产量低，但光照好，昼夜温差大，果实质量高(翟衡等 2001)。

参考文献

曹学明，刘华. 2004. 宁夏地下水水质评价分析. 宁夏工程技术，**3**(3)：385-387.

陈德华，陈浩，张薇. 2009. 中国北方主要平原地下水潜力评价. 地下水，**31** (2)：1-4.

陈玺，王昭，陈德华. 2007. 中国北方地区开采地下水发展农业的几点意见. 地球学报，**28**(3)：309-314.

陈宗宇，王莹，刘君，等. 2010. 近50年来中国北方典型区域地下水演化特征. 第四纪研究，**30**(1)：115-126.

黄乾，彭世彰. 2005. 北方地区节水灌溉现状简述. 水资源保护，**21**(2)：12-15.

火兴三. 2006. 我国酿酒葡萄气候区化指标及区域化研究. 西北农林科技大学硕士学位论文，21-27.

李华. 2002. 酿酒葡萄品种的适应性与栽培方式. 酿酒，**29**(3)：22-25.

李记明，李华. 1995. 不同地区酿酒葡萄成熟度与葡萄酒质量的研究. 落叶果树，(1)：3-5.

李记明，姜文广，于英，等. 2013. 土壤质地对酿酒葡萄和葡萄酒品质的影响. 酿酒科技，(7)：37-40.

李世泰，仲少云，衣华鹏，等. 2004. 烟台市酿酒葡萄生态区划研究. 中外葡萄与葡萄酒，(3)：17-19.

李玉鼎，刘廷俊，赵世华. 2006a. 宁夏酿酒葡萄产业发展与回顾. 宁夏农林科技，(3)：38-41.

李玉鼎，刘廷俊. 2006b. 葡萄栽培(贮藏保鲜)与葡萄酒酿造. 银川：宁夏人民出版社，30-31.

刘明春，张峰，蒋菊芳，等. 2006. 河西走廊沿沙漠地区酿酒葡萄生态气候特征分析. 干旱地区农业研究，**24**(1)：143-148.

刘明光. 2010. 中国自然地理图集. 北京：中国地图出版社.

梅海东，金应丽，秦维斌. 2009. 保护宁夏地下水资源的重要措施. 农业科技与信息，(3)：60-61.

曲土松. 2008. 中国北方地下水可持续管理. 郑州：黄河水利出版社.

田维鑫，文勇，起永智，等. 2000. 攀西地区酿酒葡萄适应性发展初探. 中外葡萄与葡萄酒，(2)：36-37.

王贵玲，陈德华，蔺文静，等. 2007. 中国北方地区地下水资源的合理开发利用与保护. 中国沙漠,**27** (4):684-689.
王华,王兰改,宋华红,等. 2010. 宁夏回族自治区酿酒葡萄气候区划. 科技导报,**28**(20):21-24.
魏晓妹,把多铎. 2003. 中国北方灌区地下水资源演变与农田生态环境问题. 灌溉排水学报,**22** (5):25-28.
修德仁,周润生,晁无疾,等. 1997. 干红葡萄酒用品种气候区域化指标分析及基地选择. 葡萄栽培与酿酒,(3):22-26.
徐淑伟,刘树庆,杨志新,等. 2009. 葡萄品质的评价及其与土壤质地的关系研究. 土壤,**41** (5):790-795.
翟衡,郝玉金,管雪强,等. 1997. 影响葡萄品种区域化的品种因素分析,葡萄栽培与酿酒,(2):41-43.
翟衡,杜金华 管雪强,等. 2001. 酿酒葡萄栽培及加工技术. 北京:中国农业出版社,8-238.
张宝堃,朱岗昆. 1959. 中国气候区划(初稿). 北京:科学出版社,1-297.
张春同. 2012. 中国酿酒葡萄气候区划及品种区域化研究. 南京信息工程大学硕士学位论文,33-40.
张薇,吴强力. 2004. 浅析宁夏地下水资源的合理开发与利用. 水利技术监督,(5):35-37.
张学文. 2007. 宁夏地下水可持续利用与保护. 地下水,**29**(5): 12-13,107.
张学真. 2001. 中国地下水资源开发利用的回顾与展望. 地下水,**23**(1):6-7.
章光新,邓伟,何岩. 2004. 中国北方地下水危机与可持续农业的发展. 干旱区地理,**27**(3):437-441.
赵济. 2012. 中国自然地理. 北京:高等教育出版社.

第4章　酿酒葡萄区划方法与指标体系

4.1 区划原则

酿酒葡萄的生长及成熟都取决于气候、土壤、地质条件等生态条件和与之相适应的品种等,生态条件包括气温、降水量、日照、湿度、土壤养分、土壤质地、海拔、坡度、坡向等。在某块土地上种植生长的葡萄所出产的葡萄酒,其质量和个性在很大程度上是气候、土壤、品种和人工栽培措施综合作用的结果。酿酒葡萄生态区划所划分的自然区域,是一个复杂的系统。它包括两组因素:一组是气候、土壤等地带性因素,这些因素的空间分布有明显的地带性;另一组是地质、地貌等非地带性因素。因此,酿酒葡萄优质生态区划要充分考虑多种因素的影响,这样才能做出比较切合实际和直接用于酿酒葡萄生产的区划结果。鉴于酿酒葡萄生态区划的特殊性,我们在具体区划过程中遵循发生学原则、主导因子原则、综合性原则、地域完整性原则和相似性与差异性原则。

4.1.1　发生学原则

葡萄品质与其所处的生态条件息息相关,一定品质等级的葡萄是在一定的生态条件下形成的。因此,进行酿酒葡萄生态区划,必须深入了解中国北方十大产区葡萄品质区域差异产生的原因与过程,作为区划的依据之一,这就是酿酒葡萄区划的发生学原则。

4.1.2　主导因子原则

酿酒葡萄生长的风土条件是由地质、地貌、气候、生物、水文、土壤等自然要素组成的,而这些要素中,必有一种或一种以上是葡萄生态区分异的主要因素,它直接影响和参与酿酒葡萄的品质形成,反映的是各个生态因子对酿酒葡萄品质影响的不均等性。主导因子着眼于气候的相似性,先确定主导因子,再考虑土壤、地理条件,按其他因子的重要程度逐级划分,得到酿酒葡萄生态区分异。

4.1.3 综合因子原则

为充分反映生态区划因子的整体性，还需要考虑一些综合因子。一个大的酿酒葡萄生态区域在逐级分异的过程具有相对一致性。高一级酿酒葡萄生态区，不但葡萄品质成因相对一致，而且次一级生态区的分异过程也是相对一致的。生态区域的等级愈低，其内部的相似性愈大。为取得较好的区划结果，需要主导因子和综合因子相结合。

4.1.4 相似性与差异性原则

酿酒葡萄生态区是按照区域相似性和差异性划分的，但是，这种相似性与差异性是相对的，而且区划等级单位级别越低，其内部的相似性愈大，差异性愈小。相反区划等级单元级别越高，其内部的相似性越小，差异性越大。

4.1.5 地域完整性原则

酿酒葡萄生态区区域既然是一个“区域”，所划分出来的任何一级自然区是具有个体性的，在地域上是连成一片的，而不是斑驳陆离的，相邻的小区域间要有相关性，间隔远的同类小区域则不会反复出现，这就是地域完整性原则。区域与类型是不同的。划分类型是划分生态区域的基础，但两者不能混淆。

4.2 区划方法

目前国内农业区划采用的方法有类型区划和区域区划。类型区划方法是根据不同的农业气候要素在地域分布的差异性逐级地划分区划，其特点是同类型的农业气候区可以在不同地区重复出现，因而同一类型区在地域上不一定连成一片(张亚红等 2005)，同一级区划内反映的农业气候因子较单一，但能突出主导因子的作用。区域区划是根据对农业地域分布具有决定意义的多种农业气候因子及其组合特征差别，而将一个地区划分为若干农业气候区，每个区在地域上总是连成一片，具有空间地域上的独特性和不重复性，并能突出多种气候因子对农业的综合作用。目前农业气候区划常用的方法有逐步分区法、集优法、模糊数学法和数理统计分区法。

4.2.1 逐步分区法

这种方法首先选择对酿酒葡萄农业地域分异规律有重要意义的气候因子,然后确定出不同区划等级的主导指标和辅助指标,逐步进行划区。根据一级区划指标划出若干个大的酿酒葡萄生态区;然后,在每个酿酒葡萄生态区内根据二级区划指标划分出若干个亚生态区;再按照三级区划指标划分出若干个小区。这样,就可以将一个地区划分为具有不同生态特征和具有生产意义的葡萄生态区域来。

4.2.2 集优法

集优法一般在选择珍贵作物或经济价值高的果树作物的最优种植区时采用。筛选几种与作物生育和产量形成有密切关系的气候、土壤要素值作为指标,分别将这些指标值在地域上的分布范围绘制在一张图上,然后根据各个地区所占有指标的数目,划分出不同适宜程度的农业气候区,当具备所有最适种植指标时,该区为最适宜区;如果这些地区一个也不具备最适种植指标时,则为不适宜或不能种植区。

4.2.3 模糊数学方法

在实际生产中,许多区域界线是由多个气候因子综合影响的结果,而且这些界线常存在着一个具有模糊概念的模糊地带。因此,可以用模糊数学的方法,将这个模糊地带的界线确定下来。

4.2.4 数理统计分区法

聚类分区法:它是一种多元客观分类方法,其基本原理是依样本属性或特征定量地确定样本间的亲疏关系,再按亲疏程度分型划类。聚类分析借助计算机能加快区划速度,而且分类比较客观,可以综合多个站点、多个气象要素进行综合分析,是一种较好的分类划区方法,其效果很大程度上取决于统计指标是否合理、正确,因此要求选择的指标应具有明确的意义,统计指标时空分布上应具有鲜明的分辨力,站点的选择要有代表性。

最优分割法:最优分割法实际上是逐级分区的一种方法,其特点是逐次找出影响研究目标差异的关键气候因子,并按各站点气候因子的数值大小顺序对站点进行排序,然后对顺序站点的目标资料进行逐步二分割的总变差计算,找出最小总变差所划分出的区域界线。

线性规划方法:线性规划是最优化理论的主要工具之一,是在一套大量复杂的因果关系中，确定最优决策的重要方法。此方法为解决作物最优结构的合理配置等农业结构调整问题提供了有力支持。

中国北方地形复杂、气候类型多样、土壤类型繁多，葡萄生态区划要在分析各类区划方法优缺点的基础上，把握分区原则，选择最适宜的分区方法。综合分析上述方法的优缺点，采用逐步分区法结合集优法开展酿酒葡萄优质生态区划，本着循序渐进、分层推进、优中选优的区划原则，选择几种与酿酒葡萄品质有密切关系的生态因子作为指标，分别将这些指标值在地域上的分布范围绘制在一张图上，然后根据各个地区所占有指标的数目，遵循生态学最小因子律分三个层次开展酿酒葡萄生态区划，先确定酿酒葡萄能够生长的可种植区，再根据酿酒葡萄品种、酒种、熟性需要的热量和水分指标划分出不同气候区。在此基础上，分析酿酒葡萄不同品种、酒种、熟性对小气候、土壤、地质条件的特殊需求和典型性要求，划分出酿酒葡萄不同品种、酒种、熟性生态区，下一层次区划以上一层次区划为基础和前提。

4.3 指标体系

指标的选择是进行合理区划的关键。根据集优法区划的要求，分别确定酿酒葡萄可种植区区划指标、气候区划指标和不同品种、酒种生态区划指标。

4.3.1 可种植区区划指标

酿酒葡萄可种植区区划主要考虑的问题是确定合适的指标，以反映酿酒葡萄能否安全越冬和能否正常生长成熟的问题。能否安全越冬主要取决于冬季极端气温和低温持续时间。最冷月平均气温高于－15℃才可能种植欧亚种葡萄。极端最低气温小于－35℃的地区冬季过于寒冷，欧亚种酿酒葡萄不能安全越冬；但山葡萄可以忍受－45℃极端最低气温。极端最低气温在－35～－15℃地区冬季需要埋土越冬；极端最低气温高于－15℃的地区，欧亚种酿酒葡萄不需要埋土就可以越冬。

考虑到春季葡萄萌芽期抗冻能力弱，嫩梢和幼叶在－1℃即开始受冻，0℃时花序受冻，且近地面温度一般要低于气温，因此无霜期以日最低气温高于2℃为标准进行统计。无霜期反映了低温持续时间和热量条件能否保障酿酒葡萄正常成熟。国内研究表明，无霜期能很好地反映葡萄能否安全越冬（李华等2011），但在有些地区无霜期和≥10℃积温有不一致的情况（李华 2011，张春同

2012)。因此我们将无霜期与≥10℃活动积温共同作为酿酒葡萄可种植区区划指标。无霜期不足 150 d 或≥10℃活动积温低于 2500 ℃·d 的地区热量条件不能满足酿酒葡萄生长,不可种植欧亚种酿酒葡萄;无霜期在 125 d 以上、≥0℃积温在 3000 ℃·d 以上的区域可以种植山葡萄;无霜期在 150～180 d 的地区能够满足酿酒葡萄的热量条件,但有些地方会有霜冻;无霜期在 180～220 d 的地区能够满足晚熟葡萄品种的热量条件;无霜期在 220～240 d 的地区热量条件能够满足葡萄生长的要求,但是夏天的高温会影响到葡萄的品质;无霜期大于 240 d 的地区夏天过于炎热,不适宜种植酿酒葡萄。

4.3.2 气候区划指标

国内外在酿酒葡萄气候区划上开展了大量的研究工作,国内外酿酒葡萄气候区划采用的指标主要有:布氏光热指数、于氏指数、康氏指数、纬度温度指数、生长季有效积温或活动积温、最热月平均气温、成熟期水热系数、成熟期昼夜温差、成熟期的降水量、≥10℃活动积温持续的天数、年平均温度和日光能系数等。这些指标主要集中在热量、降水、气温日较差、日照时间上。考虑到中国北方光照资源丰富,葡萄生长季日照时间普遍大于 1250 h,日照时间不是酿酒葡萄栽培的限制因子。温度日较差对酿酒葡萄的糖分积累有重要作用。据研究,随气温日较差的增大,酿酒葡萄糖分含量增加。中国北方葡萄生长季节气温日较差普遍大于 10℃,完全能满足优质酿酒葡萄生产所需要的温差。因此,气温日较差也不是酿酒葡萄栽培的限制因子。热量和水分条件是酿酒葡萄栽培的主导因子,最热月平均气温、高温持续天数、光热指数等与积温有交互作用,积温是决定酿酒葡萄能否正常成熟、决定葡萄品质优劣的最主要的气候因子。因此,将≥10℃活动积温作为一级气候区划指标,按照积温大小,将酿酒葡萄气候区划分为四类。≥10℃活动积温 2500～2800 ℃·d 为冷凉区,2800～3300 ℃·d 为温凉区,3300～3700 ℃·d 为温暖区,>3700 ℃·d 为暖区。水分条件反映了水分的供应情况。酿酒葡萄生长喜光耐旱,适宜于相对干燥气候环境下生长。酿酒葡萄需水量因树龄、产量不同而异。成熟的葡萄植株每年可以消耗水分 600～800 mm。酿酒葡萄生长初期和果实膨大期需水量大,转色期需水量适中,开花期、成熟期需水量较少,由此可见酿酒葡萄全生育期并不需要保证水分充分供应。因此,酿酒葡萄气候区划的水分指标须能反映葡萄各发育期水分收支状况。干燥度(DI)是衡量一个地区的降水量是否满足葡萄生长所需(李华 2011,王华 2010)。它是葡萄在生长季的蒸发蒸腾量(实际需水量)与降水量的比值。DI 能很好地反映葡萄水分消耗和供应状况。但通过潜在蒸散量计算实际蒸散量时,因各地葡萄作物系数 K_c 难以获得,采用统一的作物系数计算各地实际蒸散量并不符合实际情况，同时也不符合酿酒葡萄各发育期水分消耗特点；而且潜在蒸散计算量大，需要包括各地 30 年每日风速、降水量、最高温度、最低温度、日照时间、空气相对湿度等资料，资料难以获取。因此，本书干燥度计算方法采用张宝堃等(1959)的方法。即

$$K = 0.16\sum T/P$$

式中：$\sum T$ 为≥10℃积温，P 为≥10℃积温期间的降水量。

选择干燥度 K 能很好地反映中国气候的干湿状况，有一定的气候稳定性和可比性。而且干燥度 K 可以间接反映一个地区酿酒葡萄生长环境的水分状况和干湿状况。不同熟性、品种、酒种的酿酒葡萄，适宜的干燥度取值范围不同。在冷凉区，当 $K<1.0$ 为不适宜区，1.0～1.5 为适宜，1.5～2.5 为最适宜，$K>2.5$ 的地区在有灌溉条件的情况下可以种植出优质的葡萄，认为是次适宜种植区，K 值大于 10.0 的地区因为过于干旱，不适宜种植酿酒葡萄。

根据不同品种酿酒葡萄成熟特性，将酿酒葡萄分为极早熟、早熟、中熟、晚熟，需要的热量条件分别为 2500～2800 ℃·d、2800～3100 ℃·d、3100～3500 ℃·d、3500～4200 ℃·d，酒种生态区划的指标参考国内外研究结果制定，如表 4-1 所示。

表 4-1　酿酒葡萄熟性和酒种气候区划指标及标准

	适宜性	≥10℃积温/(℃·d)	干燥度(K)	无霜期/d
早熟品种	适宜	2800～3100	$K\geq1.25$	150～170
	次适宜	2700～2800 或 3100～3300	$0.8\leq K<1.25$	—
	不适宜	<2700 或 >3300	$K<0.8$	—
中熟品种	适宜	3100～3500	$K\geq1.25$	160～180
	次适宜	3000～3100 或 3500～3700	$0.8\leq K<1.25$	—
	不适宜	<3000 或 >3700	$K<0.8$	—
晚熟品种	适宜	3500～4200	$K\geq1.0$	180～240
	次适宜	4200～4500	$0.6\leq K<1.0$	—
	不适宜	<3500 或 >4200	$K<0.6$	—
干白酒用葡萄	适宜	2800～3400	$K\geq1.0$	160～180
	次适宜	2600～2800 或 3400～3500	$0.8\leq K<1.0$	—
	不适宜	<2600 或 >3500	$K<0.8$	—
干红酒用葡萄	适宜	3100～4200	$1.0\leq K<4.0$	150～240
	次适宜	2900～3100 或 4200～4500	$0.6\leq K<1.0$	—
	不适宜	<2900 或 >4500	$K<0.6$	—

续表

	适宜性	≥10℃积温/(℃·d)	干燥度(K)	无霜期/d
甜型酒用葡萄	适宜	3700～4200	2.5≤K<4.0	≥180
	次适宜	3500～3700 或 4200～4500	1.5≤K<2.5	—
	不适宜	<3500 或>4500	K<1.5	—
起泡酒用葡萄	适宜	2800～3300	0.6≤K<2.5	150～180
	次适宜	2600～2800 或 3300～3400	2.5≤K<4.0	—
	不适宜	<2600 或>3400	K>4.0	—

不同葡萄品种需要的热量条件有很大差异，以≥10℃积温为一级指标，干燥度为二级指标，以无霜期为辅助指标，参考国内外区划研究成果和葡萄熟性田间观测结果，确定酿酒葡萄品种区划指标，如表 4-2 所示。

表 4-2　酿酒葡萄品种气候区划指标及标准

葡萄品种	适宜性	≥10℃积温/(℃·d)	干燥度(K)	无霜期/d
黑比诺	适宜	2800～3100	>1.5	150～170
	次适宜	2600～2800,>3100	1.0～1.5	—
	不适宜	<2600	<1.0	—
黑佳美	适宜	2900～3100	>1.25	150～160
	次适宜	2800～2900,3100～3300	1.0～1.25	—
	不适宜	<2800,>3300	<1.0	—
美乐	适宜	3100～3400	>1.25	160～180
	次适宜	3000～3100,>3400	0.8～1.25	—
	不适宜	<3000	<0.8	—
西拉、品丽珠、蛇龙珠	适宜	3200～3500	>1.25	180～200
	次适宜	3100～3200,>3500	0.8～1.25	—
	不适宜	<3100	<0.8	—
赤霞珠	适宜	3300～3700	>1.0	180～220
	次适宜	3100～3300,>3700	0.6～1.0	—
	不适宜	<3100	<0.6	—
宝石解百纳	适宜	3600～4000	0.8～1.25	180～220
	次适宜	3500～3600,>4000	0.6～0.8,或>1.25	—
	不适宜	<3500	<0.6	—
歌海娜	适宜	3700～4200	>1.0	≥220
	次适宜	3300～3700,>4200	0.6～1.0	—
	不适宜	<3300	<0.6	—

续表

葡萄品种	适宜性	≥10℃积温/(℃·d)	干燥度(K)	无霜期/d
白比诺	适宜	2800～3100	>1.25	150～160
	次适宜	2700～2800,>3100	0.8～1.25	—
	不适宜	<2700	<0.8	—
霞多丽	适宜	2900～3200	>1.5	160～180
	次适宜	2700～2900,>3200	1～1.5	—
	不适宜	<2700	<1.0	—
赛美蓉	适宜	3000～3300	>1.25	170～190
	次适宜	2800～3000,3300～3500	0.8～1.25	—
	不适宜	<2800,>3500	<0.8	—
雷司令	适宜	3200～3400	>1.5	180～200
	次适宜	3000～3200,3400～3600	1.0～1.5	—
	不适宜	<3000,>3600	<1.0	—
白诗南	适宜	3200～3400	>1.25	190～210
	次适宜	3100～3200,>3400	0.8～1.25	—
	不适宜	<3100	<0.8	—

4.3.3 生态区划指标

在酿酒葡萄可种植区区划和气候区划的基础上,进行生态区划。生态区划既要考虑不同品种、熟性酿酒葡萄对热量和水分的需求特点,又要考虑不同地形小气候对大尺度气候背景的可能影响,还要考虑土壤、地下水等生态因子对不同品种酿酒葡萄种植的可能影响。只有合适的酿酒葡萄品种种植在合适的生态区才能生产出稳定的高品质的葡萄。

土壤条件也对葡萄酒品质至关重要,葡萄酒中的高雅典型的特色是特殊土壤条件给予的。一般干红酒葡萄品种喜砾石壤土,波尔多地区赤霞珠等红酒品种多栽培在加龙河冲积平原上。赤霞珠在微酸性土壤上表现酒体丰满、醇厚,酒香果香充足,富于典型性,而黑比诺则适合在钙质土上栽培。在法国香槟区能生产出独具特色的香槟酒也和当地土壤条件有很大关系。因此将土壤类型作为一级生态区划指标。在气候区划的基础上加入土壤类型因素,品种和酒种区划最适宜土壤条件见表4-3。酿酒葡萄熟性生态区划的土壤因素按照以下分类:最适宜区土壤类型包括固定风沙土、灰钙土、黑钙土、栗钙土、棕钙土、草甸灰漠土和棕壤等;适宜区包括绵土、黄棕壤、褐土、黑土、漠土、灰漠土、灌淤土等;次适宜区包括塿土、垆土、暗棕壤、草甸土、高山漠土、黄壤和半固定风沙土等;不适宜区包括水稻土、潮土、盐碱土、沼泽土和流动风沙土等。坡度和坡向主要影响种植区的光照和温度，其中南坡温度高于北坡，光照时间比北坡长。中国地形复杂，考虑坡向对小气候影响，将坡向作为生态区划参考指标。酿酒葡萄成熟期降水量对葡萄含糖量影响很大，降水多也引发葡萄病害发生流行，而且易造成酿酒葡萄裂果腐烂，因此在酿酒葡萄生态区划时，收获前旬降水量也要作为参考生态指标（表 4-3）。

表 4-3　部分品种和酒种酿酒葡萄生态区划指标

	最适宜土壤类型	适宜坡向	收获前旬降水量/mm
赤霞珠	粗骨土、风沙土、灰钙土、黑钙土、栗钙土、棕钙土	东坡、南坡、东南坡	＜30
美乐	砾质壤土	东坡、南坡、东南坡	＜20
黑比诺	灰钙土、黑钙土、栗钙土、棕钙土	东坡、东南坡	＜20
歌海娜	砾质壤土	东坡、东南坡	＜20
蛇龙珠	沙壤土、灰钙土	南坡、东南坡	＜30
霞多丽	钙质土	东坡、东南坡	＜20
雷司令	微酸性土、页岩土	东坡、东南坡	＜20
赛美蓉	砾质壤土、钙质土	东坡、东南坡	＜20
干白酒用葡萄	沙土、风沙土	东坡、东南坡	＜20
干红酒用葡萄	钙质土、风沙土、砾石壤土	东坡、南坡、东南坡	＜30
甜型酒用葡萄	风沙土、沙壤土	南坡、东南坡	＜10
起泡酒用葡萄	灰钙土、黑钙土、栗钙土、棕钙土、草甸灰漠土和棕壤	东坡	＜30
冰酒用葡萄	钙质土	北坡、西坡	＞20

需要指出的是：降水量在 400 mm 以下或 $K>2.5$ 的区域，需要有良好的灌溉条件，灌溉水要求 pH 值在 6～8、盐分含量低于 0.1%，同时要推广节水灌溉技术，避免葡萄园次生盐渍化。

4.4 区划方案

4.4.1 资料与资料处理

收集中国北方 376 个气象台站连续 30 年（1981—2010 年）的地面气候资料，整理为年降水量（P）、无霜期、最冷月平均气温、年极端最低气温、年日照时间、平均日较差、≥10℃活动积温、≥10℃活动积温期间降水量、干燥度（K）、日照时间、日较差等。气象资料经过小网格推算为空间分辨率达 250 m 的面上数据。

4.4.2 地理信息采集

地理信息资料采用 1∶25 万数字高程，1∶100 万土壤类型、坡度、坡向等地理数据经数字高程转化得到。

4.4.3 图像处理和面积统计

将经过面上推算以后的二进制数据文件如降水量、积温转换为 ERDAS IMAGINE的 img 文件。对所得 img 图像数据的信息进行图像配准。用 AOI 多边形对要素进行裁剪，然后运用 ArcGIS 实现数据图层的叠加、求交集、合并、专题图制作和面积统计。

4.4.4 区划分类数据处理

采用逐级分区与集优法相结合，按照可种植区和山葡萄区划指标先确定中国北方酿酒葡萄不可种植区、山葡萄可种植区和欧亚种酿酒葡萄可种植区。在此基础上，按照表 4-1、表 4-2、表 4-3 区划指标，将酿酒葡萄分品种、酒种和熟性进行气候适宜性区划和生态适宜性区划。将同时满足表 4-1 中最适宜、适宜区、次适宜区、不适宜区一级指标的区域分别划为最适宜区、适宜区、次适宜区和不适宜区；将满足一级指标，但不满足二级指标以两者较低一级区划等级处理；根据生态学最小因子定律，将满足表 4-1 中不适宜区任何一个条件的区域划为不适宜区。

参 考 文 献

陈卫平，尚红莺，周军，等. 2007. 贺兰山东麓酿酒葡萄的生态适应性. 西北植物学报，**27**(9)：1855-1860.

陈卫平，王劲松，尚红莺，等. 2005. 贺兰山东麓酿酒葡萄土壤资源特征及土壤管理对策. 中外葡萄与葡萄酒，(5)：22-24.

江治国. 2008. 宁夏酿酒葡萄区域化研究. 西北农林科技大学硕士学位论文，16-22.

李宏伟，郁松林，吕新，等. 2005. 新疆酿酒葡萄气候区划的研究. 西北林学院学报，**20**(1)：38-40.

李华，火兴三. 2006. 中国酿酒葡萄气候区划的水分指标. 生态学杂志，**25**(9)：18-21.

李华，兰玉芳，王华. 2011. 中国酿酒葡萄气候区划指标体系. 科技导报，**29**(1)：75-79.

李华，王艳君，孟军，等. 2009. 气候变化对中国酿酒葡萄气候区划的影响. 园艺学报. **36**(3)：

313-320.

李记明，吴清华，边宽江，等. 1999. 陕西省酿酒葡萄气候区划初探. 干旱地区农业研究，**17**(3)：28-31.

李记明，姜文广，于英，等. 2013. 土壤质地对酿酒葡萄和葡萄酒品质的影响. 酿酒科技，(7) 37-40.

李世泰，仲少云，衣华鹏，等. 2004. 烟台市酿酒葡萄生态区划研究. 中外葡萄与葡萄酒，(3)：17-19.

刘效义，张亚芳，宋长冰. 1999. 酿酒葡萄生态区划问题初探. 中外葡萄与葡萄酒，(1)：19-22.

罗国光，吴晓云，冷平. 2002. 华北酿酒葡萄气候区划研究. 中外葡萄与葡萄酒，(2)：16-21.

宋于洋，王炳举，董新平. 1999. 新疆石河子酿酒葡萄生态适应性的分析. 中外葡萄与葡萄酒，(3)：1-4.

孙权，陈茹，王正平，等. 2009. 宁夏贺兰山东麓酿酒葡萄高产栽培的土壤肥力问题及调控途径. 中外葡萄与葡萄酒，(9)：69-72.

王改兰. 2010. 宁夏酿酒葡萄气候区划及品种区域化的研究. 西北农林科技大学硕士学位论文，15-24.

王华，王兰改，宋华红，等. 2010. 宁夏回族自治区酿酒葡萄气候区划. 科技导报，**28**(20)：21-24.

王银川，王泽鹏. 2000. 宁夏贺兰山东麓葡萄气候及品种区划与产地选择. 宁夏农林科技，(2)：24-26.

修德仁，周润生，晁无疾，等. 1997. 干红葡萄酒用品种气候区域化指标分析及其地选择. 葡萄栽培与酿酒，(3)：22-26.

翟衡，杜金华 管雪强，等. 2001. 酿酒葡萄栽培及加工技术. 北京：中国农业出版社，199-238.

翟衡，郝玉金，管雪强，等. 1997. 影响葡萄品种区域化的品种因素分析，葡萄栽培与酿酒，(2)：41-43.

张宝堃，朱岗昆. 1959. 中国气候区划(初稿). 北京：科学出版社.

张春同. 2012. 中国酿酒葡萄气候区划及品种区域化研究. 南京信息工程大学硕士学位论文，33-40.

张军翔，李记明. 1998. 宁夏银川地区酿酒葡萄品种选择构想. 葡萄栽培与酿酒，(3)：25-28.

张军翔，李玉鼎，蔡晓勤. 2000a. 宁夏银川地区不同成熟期酿酒葡萄品种成熟生物量研究. 宁夏农学院学报，**21**(1)：10-13.

张军翔，李玉鼎. 2000b. 试论酿酒葡萄优质生态区. 中外葡萄与葡萄酒，(2)：32-33.

张晓煜，韩颖娟，张磊，等. 2007a. 基于 GIS 的宁夏酿酒葡萄种植区划. 农业工程学报，**23**(10)：275-278.

张晓煜，亢艳莉，袁海燕，等. 2007b. 酿酒葡萄品质评价及其对气象条件的响应. 生态学报，**27**(2)：740-745.

张晓煜，刘静，张亚红，等. 2008. 中国北方酿酒葡萄气候适宜性区划. 干旱区地理，**31**(5)：1-5.

张亚红，陈青云. 2005. 中国大陆园艺设施气候区划方法研究，农业科学研究，**26**(4)：1-6.

第 5 章　酿酒葡萄熟性和酒种生态区划

酿酒葡萄原产地分布广、品种多，不同品种的酿酒葡萄适宜的生态条件差异很大。依据酿酒葡萄区划发生学原则、相似性和差异性，首先确定不同葡萄类型的可种植区，在此基础之上，依据酿酒葡萄生态区划指标体系，确定不同酿酒葡萄熟性和酒种的分布区域。

5.1　酿酒葡萄可种植区区划

开展酿酒葡萄生态区划，首先要确定酿酒葡萄的可种植区，根据山葡萄和欧亚种酿酒葡萄的生存条件，以无霜期等于 150 d、≥10℃活动积温等于 2500 ℃ · d 和最冷月极端最低气温等于－15℃，作为欧亚种酿酒葡萄可种植的北界。把极端最低气温等于－45℃，≥0℃活动积温等于 3000 ℃ · d 作为山葡萄的种植北界，以此确定中国北方酿酒葡萄的可种植区如图 5-1 所示。

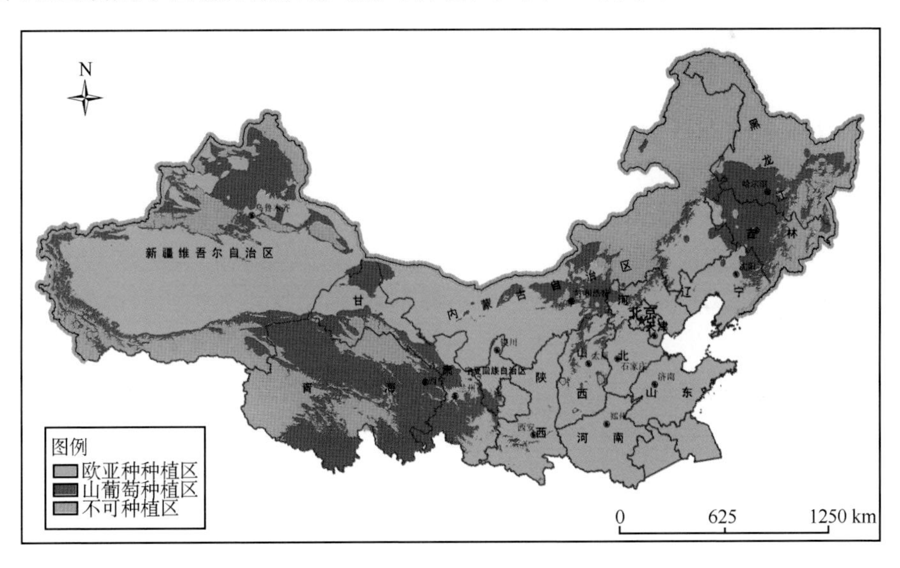

图 5-1　北方酿酒葡萄可种植区区划图

中国北方大部分地区都可以种植欧亚种酿酒葡萄，包括辽宁除桓仁县外的地区、内蒙古除兴安盟和呼伦贝尔市外的广大地区、北京、天津、河北、山东、陕西、河南、陕西、安徽、江苏、宁夏除原州区外的大部分地区、甘肃、新疆吐鲁番盆地、塔里木盆地，只要这些地区有水源，都可以种植欧亚种酿酒葡萄。

山葡萄可种植区主要分布在黑龙江南部的齐齐哈尔市、大庆市、哈尔滨市、五常市，吉林的通化市、辽源市、四平市、松原市、白城市、吉林市以及辽宁北部的桓仁县、清远县、新宾县等地。另外西北地区甘肃的岷县、舟曲县、定西市；宁夏固原市；青海海南的杂多县、玉树市、班玛县、久治县，海东的同仁县、民和县、乐都县等大部分地区；新疆的克拉玛依市和阿尔泰市，这些地区可以种植山葡萄，但不能在自然条件下（可以加简单的人工辅助措施如埋土）种植欧亚种酿酒葡萄，如需种植欧亚种酿酒葡萄，需要砧木嫁接或人工设施条件保障。

内蒙古大兴安岭以西的广大地区，黑龙江小兴安岭以北、完达山、老爷岭，吉林长白山区，甘肃祁连山区，青海可可西里山、唐古拉山，新疆的昆仑山、天山、阿尔泰山山区等，因冬季严寒，即便是耐寒力极强的山葡萄也无法安全越冬，为中国北方酿酒葡萄的不可种植区。

5.2 品种熟性生态区划

5.2.1 早熟品种区域化分布

早熟品种生态最适宜区（图 5-2）面积较小，主要分布在内蒙古大兴安岭东麓、乌海市、鄂尔多斯市，山西大同市，宁夏贺兰山东麓的青铜峡市、清水河、中卫市，甘肃白银市，新疆天山北麓和伊犁河谷的零星区域。其中内蒙古大兴安岭东麓和鄂尔多斯市周围集中连片。这些地区地势较高、气候冷凉、夏季高温、昼夜温差大、光照充足，葡萄收获季节温度较低，降水稀少，土壤以灰钙土和砾质土壤为主，特别有利于早熟品种糖分积累和风味物质的保持，是酿酒葡萄早熟品种理想产区。但这些地区灌溉受到一定制约，另外，在有些年份容易受到晚霜冻危害。

早熟品种生态适宜区分布范围窄，主要集中在中国北方中北部。包括内蒙古赤峰市、陕北黄土丘陵谷地、甘肃环县、宁夏盐池县、祁连山北麓等地。这些地区气候冷凉、土壤以黄绵土、风沙土为主，为早熟品种的生态适宜区。

酿酒葡萄早熟品种的生态次适宜区主要分布在内蒙古的通辽市、巴彦淖尔市、五原县、包头市，甘肃庆阳市、平凉市、天水市等地，这些地区可以发展一些极早熟品种，如小白玫瑰、魏天子等。早熟品种的次适宜区还包括河北的承德、山西的晋中市、长治市、陕西的洛川县、富县。

辽宁的大连市和锦州市、河北、山东、河南、江苏、安徽、天津、北京、山西汾河河谷、陕西秦岭以南热量条件好，早熟品种成熟过快，成熟期降水多，容易引发葡萄病害，为酿酒葡萄早熟品种的不适宜区。另外新疆南疆，内蒙古额济纳旗、吉兰泰等地也不适宜种植早熟品种的酿酒葡萄。

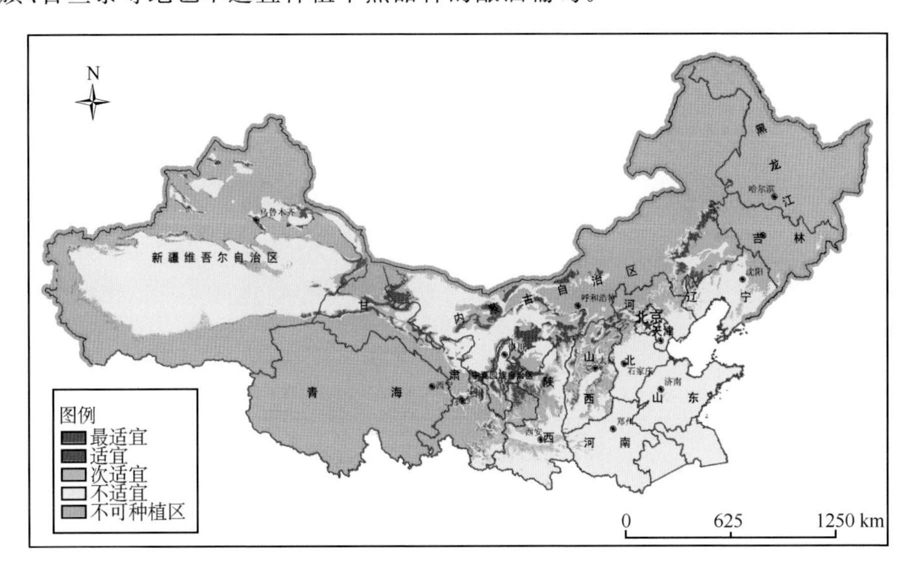

图 5-2　早熟品种生态区划图

5.2.2　中熟品种区域化分布

中熟品种的生态最适宜区（图 5-3）分布在内蒙古通辽市、乌海市、磴口县、临河区、包头市、阿拉善左旗，宁夏贺兰山东麓、灵武市、河东、红寺堡区、清水河河谷，甘肃景泰县、白银市，新疆伊犁河谷。这些地区气候温凉、无霜期较长、光照充足、降水少、昼夜温差大、土层深厚，以砾质土壤、壤土、风沙土为主，最适宜中熟酿酒葡萄种植。

中熟品种的生态适宜区主要分布在内蒙古额济纳旗，陕西榆林市、延安市，宁夏灌区的银川市、永宁县、青铜峡市、中宁县，甘肃民勤县、金昌市、张掖市、酒泉市，新疆阿尔金山北麓。这一区域热量适中，无霜期较长。

中熟品种的生态次适宜区主要集中在内蒙古的吉兰泰，辽宁西部的朝阳市、阜新市、喀左县，河北承德市、滦平县，山西汾河河谷，陕西丹凤县、洛川县、富县，甘肃庆阳市、泾川县、成县、徽县，河南的三门峡市。

中熟品种的生态不适宜区主要分布在天津、山东、河南、江苏、安徽、河北南部、内蒙古额济纳旗以及新疆塔里木盆地、吐鲁番盆地，这些地区热量条件好，但中熟品种成熟时气温太高，不利于葡萄风味的形成。陕西定边县、吴起县，内蒙古的鄂尔多斯市则热量不足，酿酒葡萄中熟品种不能正常成熟。

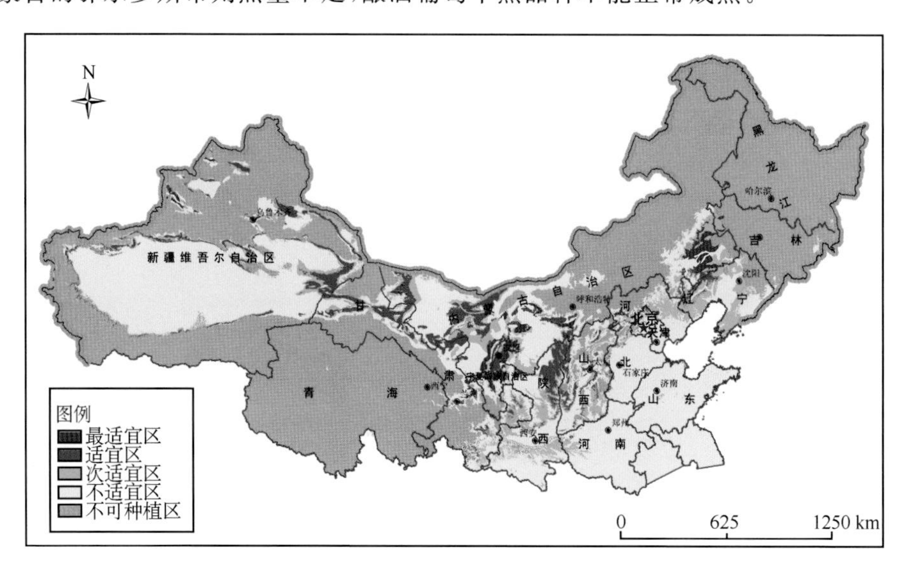

图 5-3　中熟品种生态区划图

5.2.3　晚熟品种区域化分布

晚熟品种最适宜生态区（图 5-4）分布在辽宁建昌县、义县、普兰店市，山东平度市、莱阳市、莱芜市，河北秦皇岛市、遵化市，北京门头沟区，河南三门峡市，新疆伊犁河谷等地。这些地区地处山地丘陵，光照充足、热量丰富、降水适宜、有良好的排水条件、土层深厚，土壤保水性良好。这些地区无霜期长、收获季节降水较少，能保证歌海娜、佳利酿（Carignan）等晚熟品种完全成熟，是晚熟葡萄品种的理想产地。

适宜生态区分布在辽宁盘锦市、锦州市，河北唐山市，北京密云县、延庆县，河北怀来县、涿鹿县、涞源县、阜平县，山东东部，山西太古县、清徐县、临汾市、介休市、阳城县，陕西宝鸡市、铜川市、蒲城县、泾阳县、澄城县、白水县、韩城市，宁夏大武口区，内蒙古吉兰泰、额济纳旗，甘肃阿克塞哈萨克自治县，新疆吐鲁番市、鄯善县、阿克苏市、玛纳斯县、库尔勒市、于田县、和田县。这些地区热量条件好、气候较干爽、土层深厚、土壤通透性好，能保证晚熟酿酒葡萄的正常成熟和风味形成，但这些地区大部分降水极少，需要灌溉保障。

晚熟品种的次适宜区分布在辽宁铁岭，天津，北京东南，河北沧州市、保定市，山东德州市、滨州市、济南市，河南栾川县、西峡县，宁夏银川市、永宁县，甘肃民勤县、金昌市等地，这些地区有些是降水过多，葡萄病害严重，有些因热量不足，影响晚熟品种葡萄品质。

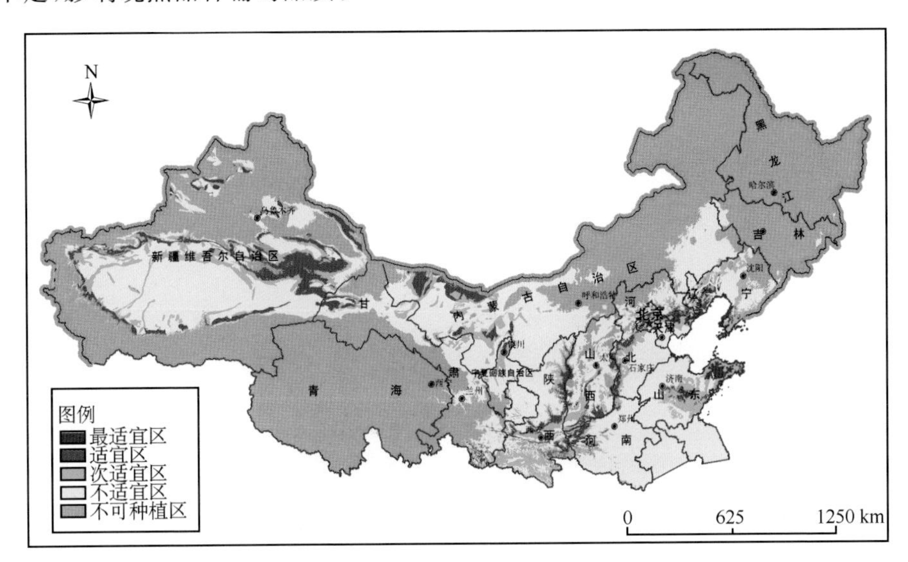

图 5-4　晚熟品种生态区划图

晚熟品种的不适宜区包括江苏、安徽、河南(除三门峡)，河北滦平县、承德市、隆化县、衡水市、邢台市、邯郸市等。这些地区夏秋季炎热多雨，病虫害高发，影响晚熟酿酒葡萄品质。另外，陕西定边县、延安市、榆林市，甘肃平凉市、天水市、武威市、酒泉市，宁夏盐池县、同心县、红寺堡区，内蒙古鄂尔多斯市、包头市、巴彦淖尔市、乌海市、通辽市、赤峰市等地则热量不足，霜冻害严重，晚熟酿酒葡萄难以正常成熟。

5.3 酒种生态区划

5.3.1　干红酒用葡萄生态区划

早在 20 世纪 90 年代末期，国内开始掀起“干红葡萄酒热”，中国各地出现“乱种”红葡萄品种的现象，近年来，仍存在红葡萄酒原料基地建设混乱的现象。干红葡萄酒产地适宜的气候条件是光照充足、气候温暖、昼夜温差大、夏季气温高、葡萄成熟期降水量少。适合酿造干红的葡萄品种较多，要求葡萄品种着色深，含糖量高，酒度可达 11°～12°，含酸量中等，单宁丰富(翟衡等 2001)。在多年研究基础上，干红酒葡萄气候和生态指标越来越清晰，在此基础上，本研究建立了干红酒葡萄生态区划指标（表 4-1），并完成中国北方干红酒用葡萄优质生态区域划分（图 5-5）。

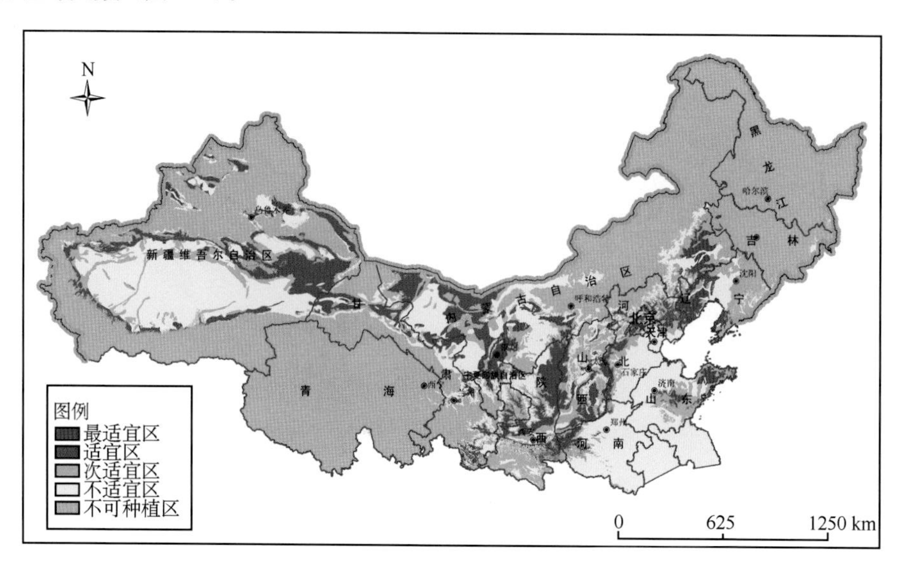

图 5-5　干红酒用葡萄生态区划图

干红酒用葡萄生态最适宜区，在中国几大主要传统酿酒葡萄产区都有分布，大兴安岭南麓余脉的内蒙古开鲁县、奈曼旗、库伦旗、扎鲁特旗、阿鲁科尔沁旗等，东北平原南部的吉林四平市、洮南市、通榆县和辽宁凌源市、建昌县、绥中县、朝阳市、阜新县等，以及辽东半岛南部的盖州市、瓦房店市、普兰店市和庄河市等；环渤海湾地区的山东半岛栖霞市、招远市、莱阳市、烟台市、海阳市、蓬莱市、青岛市、胶南市、临朐县、沂源县、淄博市等，以及河北北部的迁西县、青龙县、卢龙县、遵化市、昌黎县、抚宁县、宽城县，天津市的蓟县等；晋冀交界地带的张家口市、万全县、怀安县、阳原县、怀仁县等，沿太行山两麓的北京西部、邢台县、阳曲县、林州市等以及吕梁山山地的兴县、吉县、运城市、永济市等；秦岭山麓及东段余脉山地，包括河南西部渑池县、灵宝市、陕县、卢氏县、嵩县以及陕西潼关县、商州区、丹凤县、蓝田县、宝鸡市陈仓区、周至县、陇县等地；西北地区，贺兰山东西两麓银川西部和阿拉善左旗东部，宁夏中宁县、同心县、灵武市等地，内蒙古鄂尔多斯高原杭锦旗、鄂托克旗、乌海市、准格尔旗等，沿阴山山脉的磴口县、乌拉特前旗、达拉特旗、托克托县等，额济纳旗中部，甘肃中部景泰县、靖远县、永靖县等地；新疆地区，沿天山山脉两麓的霍城县、伊宁县、巩留县、新源县、库车县、乌鲁木齐市、吉木萨尔县以及伊吾县等地。

生态适宜区主要分布在辽宁与内蒙古交界处，包括辽宁葫芦岛市、阜新市、朝阳市南部和内蒙古赤峰东部、通辽南部等地；河北保定市、石家庄市、邢台市西部沿太行山区域；山西晋中市、临汾市、晋城市、长治市、离石区等中南部河谷与山地；河南西部三门峡市；西北地区的陕西北部榆林市、延安市东部、中部宝鸡市；甘肃平凉市，沿祁连山山脉的敦煌市、瓜州县、玉门市、金塔县、高台县、临泽县等，内蒙古西部的额济纳旗、阿拉善左旗、巴彦淖尔市、包头市，宁夏银川市、平罗县、惠农区、青铜峡市等地；新疆适宜区集中在哈密市、鄯善县、奇台县、塔里木盆地周边县市、准噶尔盆地西北部和布克赛尔蒙古自治县等地。

生态次适宜区分布在辽宁丹东市、本溪市、沈阳市、铁岭市西部；内蒙古通辽市东部、赤峰市、乌海市东部、阿拉善盟的额济纳旗等；河北唐山市、保定市、石家庄市和邢台市西部；山东中东部大部；山西临汾市、长治市、大同市等；陕西延安市西部、渭南市、咸阳市部分地区；甘肃张掖市、酒泉市小部分地区。

生态不适宜分布区域与最适宜区、适宜区和次适宜区交错分布，较为集中的区域分布在辽宁盘锦市和营口市地区，河北西南部沧州市、衡水市、保定市等，山东西部东营市、滨州市、聊城市、济宁市等，河南大部，陕西西部，内蒙古阿拉善右期中部和左旗南部、乌海市和巴彦淖尔市东部、东胜区，新疆中部、吐鲁番市和哈密市部分地区。

5.3.2 干白酒用葡萄生态区划

白葡萄酒一般采用白皮(浅色)葡萄品种或红葡萄去皮做原料，常见的用来酿造白葡萄酒的葡萄品种主要有霞多丽、雷司令、白玉霓、白比诺、贵人香、黑比诺等。干白酒用葡萄产地适宜的气候条件是气候温凉、降水适中、生长季长、昼夜温差适当、光照充足。相对于干红酒用葡萄品种，酿白葡萄酒品种生长季所需积温和水分均偏少，通过分析干白酒用葡萄生长环境特点，根据表 4-1 的区划指标，完成中国北方干白酒用葡萄生态区划(图 5-6)。

干白酒用葡萄生态最适宜区主要分布在三个集中连片区，一是在内蒙古东部，大兴安岭南麓余脉的通辽市西部、乌兰浩特市南部和赤峰市东北部；二是晋冀地区，包括河北万全县、怀安县、山西怀仁县、阳曲县及沿吕梁山山麓的兴县、蒲县、吉县；三是西北地区，包括贺兰山东西两麓的银川市西部、阿拉善左旗东部，沿祁连山山脉的甘肃高台县、景泰县、白银市、靖远县、兰州市、永靖县等，宁夏灵武市、盐池县、红寺堡区、同心县等，内蒙古鄂尔多斯高原的鄂托克旗、杭锦旗、准格尔旗、达拉特旗等，沿阴山山脉的杭锦后旗、乌拉特中旗、乌拉特前旗、包头市、托克托县等以及内蒙古西部额济纳旗，新疆沿天山山脉的霍城县、伊宁县、巩留县、新源县和阜康市等，准噶尔盆地西边的塔城市、裕民县、托里县等，塔里木盆地北的拜城县和库车县，以及哈密市东北部。

干白酒用葡萄生态适宜区分布在大兴安岭南麓余脉的内蒙古敖汉旗、翁牛特旗等；晋冀交界地区的河北蔚县、山西朔州市、应县、怀仁县、山阴县等地；沿太行山山麓的忻州市、阳曲县、寿阳县、榆社县、浮山市等，以及沿吕梁山山麓的汾西县、乡宁县、孝义市、临县等；陕西西北部榆林市、神木县、府谷县、横山县、子长县、靖边县、吴起县等；甘肃东南部甘谷县、台安县、天水市等，沿祁连山山麓的敦煌市南北部、瓜州县、玉门市、金塔县、临泽县、高台县等地；内蒙古乌拉特后旗、阿拉善左旗北部、额济纳旗西部、阿拉善右旗东部，以及中部清水河县、准格尔旗东部、土默特左旗等；新疆哈密市东部、奇台县、准噶尔盆地西北部和布克赛尔蒙古自治县等地。

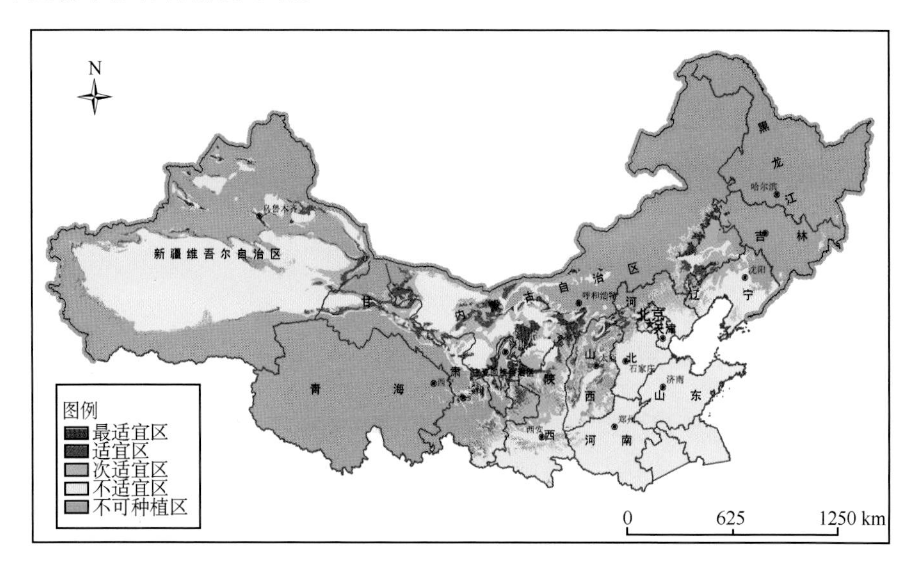

图 5-6　干白酒用葡萄生态区划图

生态次适宜区分布在内蒙古东部开鲁县、科尔沁左翼右旗、奈曼旗等；辽宁阜新市康平县、建昌县、凌源市、盖州市、普兰店市等；沿燕山山地，河北承德县、平泉县、隆化县、滦平县、北京怀柔区、延庆县等；太行山山脉两麓的盂县、昔阳县、代县、沁县、屯留县、平顺县、壶关县、长子县等、襄垣县、沁源县等；陕西中部延安市、富县、黄陵县、旬邑县、洛川县等；甘肃西峰地区东南各县、平凉市各县、天水市东南各县，沿祁连山的金塔县、酒泉市、瓜州县等；宁夏银川市、青铜峡市、中宁县；新疆哈密东南部、奇台县、伊宁市、布克赛尔蒙古自治县部分地区。

生态不适宜区分布在辽宁市东南大部，北京东南，天津，河北南部，山东大部、河南大部，陕西南部，山西临汾和运城大部，陕西南部咸阳、宝鸡大部、铜川市、汉中市、安康市，甘肃天水市东南部、酒泉敦煌市，内蒙古阿拉善额济纳东部、阿拉善右旗西部、乌海东部和杭锦旗，新疆哈密西南、吐鲁番东部、昌吉市北部、博乐市东部等地。

5.3.3 起泡酒用葡萄生态区划

起泡酒是指含有一定量 CO_2 的葡萄汽酒，起泡酒的特点主要是生产工艺复杂，生产周期长。由于起泡酒醇香优雅、风格独特，且经济价值较高，凡是生产葡萄酒的国家几乎都生产起泡酒，中国生产起泡酒的历史不长，产量也不大，起泡酒原料生产有一定的盲目性。起泡酒产地适宜的气候条件是气候凉爽、光照充足、白天温度不太高、夜间温度较低、降水适中，这样的气候有于葡萄产酸。适宜酿造起泡酒的葡萄品种有酸度潜势高的霞多丽、雷司令、贵人香、白羽、灰比诺(Pinot Giris)、白诗南等。本研究分析了各国起泡酒用葡萄特点，总结了起泡酒用葡萄区划指标(表 4-1)，完成了中国起泡酒用葡萄生态区划(图 5-7)。

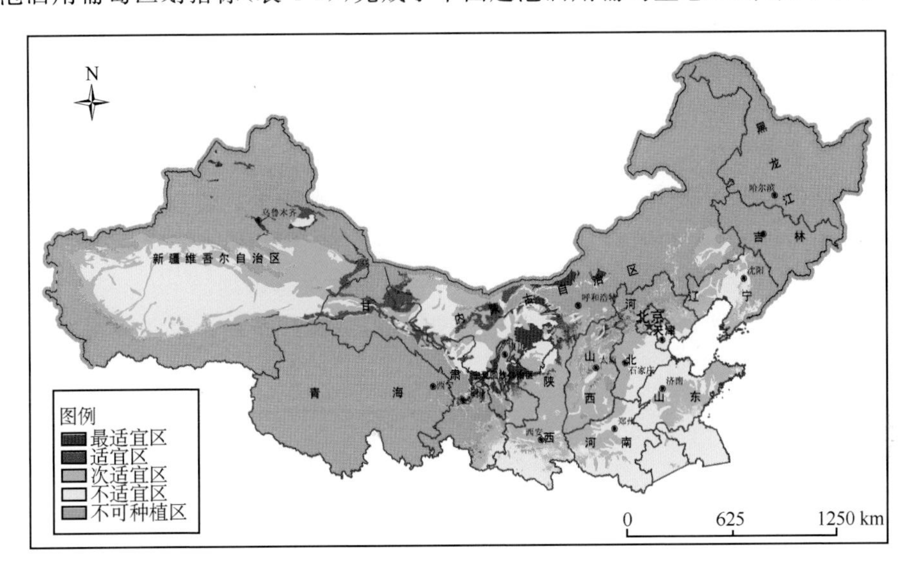

图 5-7 起泡酒用葡萄生态区划图

起泡酒用葡萄生态最适宜区集中分布在西北地区，包括甘肃景泰县、靖远县、白银市、永靖县、皋兰县以及沿祁连山山脉的高台县、临泽县等地区；宁夏石嘴山和银川两市所属沿贺兰山地区的西部各县市、吴忠、灵武、盐池、同心、海原、中卫等县市；内蒙古阿拉善盟东部沿贺兰山区、额济纳旗中部，沿阴山山脉的鄂尔多斯市杭锦旗、乌拉特前旗、包头市、准格尔旗，鄂尔多斯高原的鄂托克旗、达拉特旗、伊金霍洛旗等；另外，晋北与河北交界地区的怀安县、万全县、阳原县、宣化县、大同市、怀仁县、阳高县等地；新疆哈密东部伊吾县、准噶尔盆地西部塔城市、裕民县、托里县、乌鲁木齐和木垒哈萨克自治县等地也是起泡酒用葡萄生态最适宜区。

生态适宜区范围较小，集中在内蒙古额济纳旗西部、阿拉善旗、巴彦淖尔市北部、包头市南部，甘肃酒泉市、张掖市北部，新疆哈密市东部，另外，陕西榆林市、山西朔州市北部、宁夏固原市北部等地有部分分布。

生态次适宜区面积较大，包括内蒙古通辽大部，辽宁朝阳市、葫芦岛市、阜新市、大连市、营口市南部、铁岭市北部，河北西部和北部、石家庄市、唐山市，北京大部，山东烟台市、潍坊市、淄博市、济南市、济宁市、枣庄市、临沂市、日照市、青岛市，河南三门峡市、鹤壁市，山西中南大部，陕西大部，宁夏银川平原，甘肃天水市、酒泉市、敦煌市，新疆哈密市、吐鲁番市南部、库尔勒市、阿克苏市等。

生态不适宜区分布在辽宁营口市、丹东市等地，天津大部，河北东南大部，山东西部，河南中东大部，内蒙古阿拉善右旗，新疆库尔勒市等地。

5.3.4 自然甜型酒用葡萄生态区划

甜型葡萄酒是葡萄酒家族的重要成员，自然甜型葡萄酒的历史悠久，世界上各酿酒葡萄主产国都有各自较为完善的工艺和良好的酒质。中国甜型葡萄酒的研究和起步较晚，发展甜型葡萄酒的空间较大。自然甜型葡萄酒产地适宜的气候条件是气候暖热、昼夜温差大、光照充沛、降水稀少。适宜用于酿造甜型酒的葡萄品种较少，如歌海娜、美乐、黑比诺等。结合国内外前期相关研究成果，采用表 4-1 区划指标，开展了自然甜型酒用葡萄生态区划。

自然甜型酒用葡萄生态最适宜区范围较小，主要分布在新疆西部霍城县西部、精河县西部小部分地区（图 5-8）。

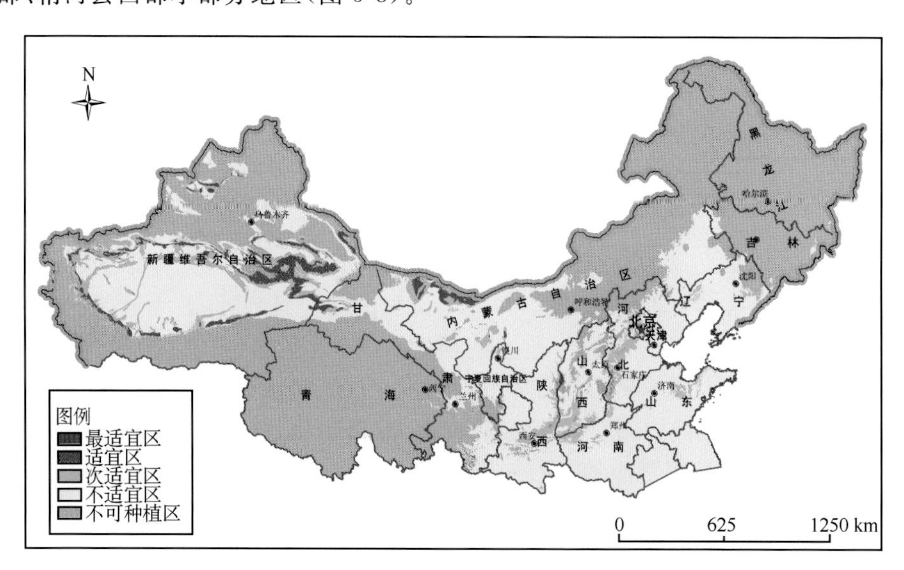

图 5-8 自然甜型酒用葡萄生态区划图

生态适宜区主要集中在新疆哈密市、伊吾县北部、鄯善县、尉犁县北部、吐鲁番地区东南部、阿克苏市中部、和田县沿塔里木盆地边缘、阿图什市、疏附县等地，内蒙古西部额济纳旗、阿拉善右旗，以及晋陕交界的吴堡县、柳林县，山西霍州市等。

生态次适宜区分布在辽宁西部的朝阳市中部、阜新市，河北西部沿太行山山区以及张家口市，北京怀柔区、昌平区和大兴区等地，山东潍坊市中部、烟台市西北部，山西晋中沿吕梁山山麓地区，晋陕豫交界处河南三门峡市、山西临汾市、晋城市，陕西渭南市大部，宁夏大武口区，内蒙古西部的阿拉善左旗中部、额济纳旗，新疆吉木萨尔县、昌吉市、阿克苏市、巴楚县、和田县等区域。

生态不适宜区主要包括内蒙古东部通辽市、赤峰市等地区，辽宁、天津、山西、山东、陕西大部，河北中西大部，宁夏中北大部，甘肃天水市、酒泉市、张掖市等地，新疆中部大部以及北部哈密地区东部、吐鲁番市、奇台县、塔城市、伊宁县等地。

5.3.5 冰酒用葡萄生态区划

冰葡萄酒是将葡萄推迟采收，当气温低于－8℃以下，葡萄在树枝上保持一定时间使葡萄结冰，然后采收、压榨，并且采用独特的酿造工艺制成的葡萄酒。可以用来酿制冰酒的葡萄品种比较多，如雷司令、威代尔、霞多丽、灰比诺、美乐、白比诺、贵人香等等。但冰酒用葡萄对环境的要求较高，生长期能够满足冰酒用葡萄的种植和成熟，冬季有－8℃的持续低温天气，气候湿润而不干燥，能够使浆果在树体上保持新鲜状态，自然结冰而不干缩(易黎等 2009)。国际上德国、加拿大、奥地利冰酒发展较早，而中国冰葡萄酒研究和生产起步较晚。为了推动中国冰葡萄酒产业发展和挖掘优质原料产区，本研究在国内外研究的基础上，初步开展了冰酒用葡萄生态区划。

由于热量条件对冰酒用葡萄生长较为重要，本研究以极端最低气温、最冷月(1 月)平均气温、无霜期作为一级气候区划指标，以年降水量作为二级气候区划指标(表 5-1)，结合表 4-3 中冰酒用葡萄种植的生态环境指标，初步完成中国北方冰酒用葡萄生态区划。

表 5-1 冰酒用葡萄气候区划指标

	最冷月平均气温/℃	极端最低气温/℃	无霜期/d	年降水量/mm
适宜	＞－15	⩽－35	180～200	⩾400
次适宜	＞－15	⩽－35	180～200	300～400
不适宜	⩽－15	＞－35	⩽180，＞200	⩽300

冰酒用葡萄生态适宜区分布在东北平原南部的吉林公主岭市、双辽市、梨

树县和四平市、柳河县、白山市、通化市、集安市以及辽宁的开原市、铁岭县、抚顺县、新宾满族自治县、桓仁满族自治县和本溪市、宽甸满族自治县、彰武县等地；沿太行山东麓的山西左权县、和顺县，以及吕梁山山麓的石楼县等（图 5-9）。

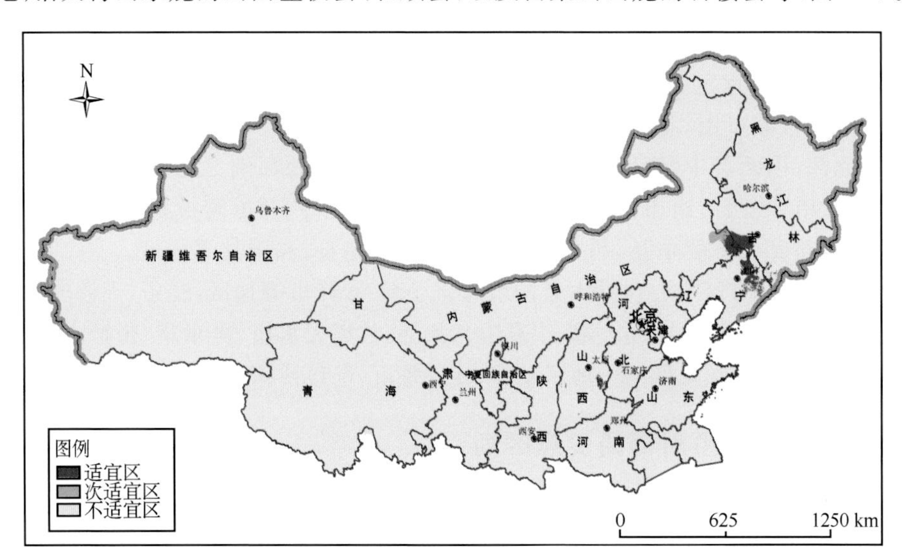

图 5-9　冰酒用葡萄生态区划图

生态次适宜区分布在大兴安岭南段东麓的内蒙古科尔沁左翼中旗，新疆伊犁地区的尼勒克县、伊宁县、新源县、额敏县等地。

中国北方绝大多数地区不适宜生产冰葡萄酒，主要是因为在中国北方寒冷地区，如黑龙江、内蒙古呼伦贝尔等地，冬季冷冻条件适合，积雪覆盖厚，有利于葡萄安全越冬，但这些地区无霜期短、热量不足，酿酒葡萄糖分积累不足，葡萄糖度不宜达到酿制冰酒要求的糖度。而热量条件好的地区，如河北、山东等地葡萄成熟快，成熟后冷冻条件差，加上冬季降水少、积雪少，不利于酿酒葡萄糖分的进一步浓缩，不适宜冰葡萄酒生产。广大西北地区则干旱少雨，葡萄成熟后容易干缩，不利于葡萄出汁，冬季积雪少，也不利于冰酒用葡萄的安全越冬，这些地区为冰酒用葡萄的不适宜区。

参考文献

白智生，火兴三，陈兴忠，等. 2012. 高档干化葡萄酒产区和品种的选择. 天津农业科学，**18**(2)：126-129.

郭晓霜，罗月婷. 2010. 中国葡萄酒产区抉择. 中国酒业报道（增刊），52-53.

李华，兰玉芳，王华. 2011. 中国酿酒葡萄气候区划指标体系. 科技导报，**29**(1)：75-79.

李记明，姜文广，于英，等. 2007. 土壤质地对酿酒葡萄和葡萄酒品质的影响. 酿酒科技，(7)：37-40.

李记明，吴清华，边宽江，等. 1999. 陕西省酿酒葡萄气候区划初探. 干旱地区农业研究，**17**(03)：28-31.

李记明. 1992. 葡萄品种与酒种区划的指标问题. 葡萄栽培与酿酒，**63**(4)：16-19.

李世泰，仲少云，衣华鹏，等. 2004. 烟台市酿酒葡萄生态区划研究. 中外葡萄与葡萄酒，(3)：17-19.

刘明春，张旭东，蒋菊芳. 2006. 河西走廊干红干白酒用葡萄种植气候区划. 干旱地区农业研究，**24**(6)：133-137.

刘效义，张亚芳，宋长冰. 1999. 酿酒葡萄生态区划问题初探. 中外葡萄与葡萄酒，(1)：19-22.

罗国光，吴晓云，冷平. 2002. 华北酿酒葡萄气候区划研究. 中外葡萄与葡萄酒，(2)：16-21.

宋于洋，王炳举，董新平. 1999. 新疆石河子酿酒葡萄生态适应性的分析. 中外葡萄与葡萄酒，(3)：1-4.

修德仁，周润生，晁无疾，等. 1997. 干红葡萄酒用品种气候区域化指标分析及基地选择. 葡萄栽培与酿酒，(3)：22-26.

易黎，李记明. 2009. 中国冰酒的独特生产方式是可行的. 中外葡萄与葡萄酒(文化版)，(3)：50-52.

翟衡. 1993. 波尔多的葡萄品种与酒种. 酿酒科技，**58**(4)：48-50.

翟衡，杜金华，管雪强，等. 2001. 酿酒葡萄栽培及加工技术. 北京：中国农业出版社，199-238.

张春同. 2012. 中国酿酒葡萄气候区划及品种区域化研究. 南京信息工程大学硕士学位论文，33-40.

张军翔，李玉鼎，蔡晓勤. 2000a. 宁夏银川地区不同成熟期酿酒葡萄品种成熟生物量研究. 宁夏农学院学报，**21**(1)：10-13.

张军翔，李玉鼎. 2000b. 试论酿酒葡萄优质生态区. 中外葡萄与葡萄酒，(2)：32-33.

张晓煜，刘静，张亚红，等. 2008. 中国北方酿酒葡萄气候适宜性区划. 干旱区地理，**31**(5)：1-5.

第6章 酿酒葡萄品种生态区划

世界上的葡萄品种多达一万多种，适合酿酒的葡萄品种大约有3000个。栽培面积超过2万hm^2的酿酒葡萄品种只有50多个（翟衡等 2001）。由于研究基础和资料限制，选择雷司令、霞多丽、赛美蓉、白比诺、白诗南、黑比诺、黑佳美、美乐、西拉、赤霞珠、蛇龙珠、品丽珠、歌海娜、宝石解百纳、威代尔等15个典型酿酒葡萄品种，结合酿酒葡萄生态适宜性区划方法和区划指标进行中国北方生态适宜性区划，将各品种的生态适宜区划分为生态最适宜区、生态适宜区、生态次适宜和不适宜区四类，制作出生态适宜性区划图，并分区评述。其他品种可以依据生态相似性原则，参考类似的品种布局进行基地建设。

6.1 霞多丽（Chardonnay）

早熟品种，原产法国，是世界上最流行的白色品种之一，有二十多个国家引种栽培，总栽培面积超过8万hm^2。适合各类型气候、耐冷，产量高且稳定，容易栽培，植株发芽早，生长势较强，枝势半直立，适于中长梢修剪；风土适应性较好，较适合中等肥力的钙质土壤，土质以带泥灰岩的石灰质土最佳。

霞多丽生态最适宜种植区主要分布在吉林省洮南市；山西大同市；内蒙古科右中旗、阿鲁科尔沁旗、察右后旗、乌拉特中旗和乌拉特后旗，宁夏贺兰山东麓青铜峡市、盐池县、同心县、红寺堡区；甘肃东部的白银市、景泰县、靖远县；新疆博乐市、伊犁河谷及天山北麓的部分地区（图6-1）。

生态适宜种植区主要分布在新疆哈密市东部沁城、乌鲁木齐市、库车县；内蒙古赤峰北部及敖汉旗、库伦旗、科尔沁右翼中旗、阿鲁科尔沁旗、阴山南北麓；甘肃环县、秦安县、礼县、白银市、武威市、玉门市；陕西榆林市、神木县、靖边县、定边县；宁夏盐池县；山西大同市、怀仁县；河北张家口市宣化区和蔚县等地。

生态次适宜种植区主要分布在新疆克拉玛依市大部、阿尔泰山山脉东麓南侧大片地区、塔里木盆地北部大片地区及南部周边连片地区；内蒙古额济纳旗西北大部、阿拉善右旗东部、巴彦淖尔市及阴山山脉南侧、鄂尔多斯市、乌海市、内蒙古东部的通辽市大部、赤峰市等地；宁夏中北大部成片地区；甘肃合黎山和龙首山山脉南侧、金昌市中北部、武威市东北部和西南部、靖远县、白银市、兰州市一带及天水市秦安县、礼县及陇南市、庆阳市、平凉市等大片地区；陕西中北大部；山西中南大部；河北西北大部；北京地区；河南西北部；山东中东大部；辽宁西南部；吉林省白城市北部。

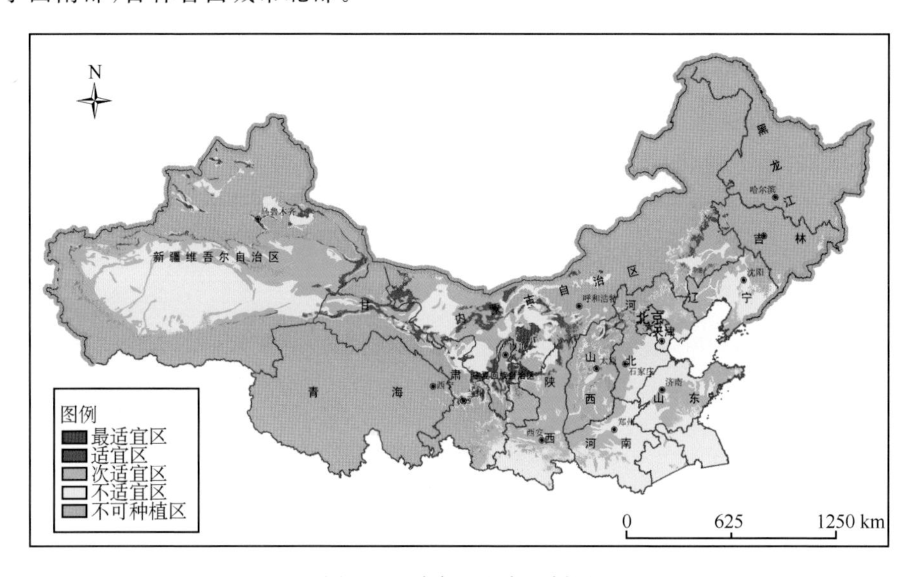

图 6-1　霞多丽生态区划图

生态不适宜种植区分布在新疆塔克拉玛干沙漠和库木塔格沙漠、古尔班通古特沙漠、乌苏市局地；内蒙古巴丹吉林沙漠、腾格里沙漠、乌兰布和沙漠、浑善达克沙地及科尔沁沙地；甘肃腾格里沙漠、天水市麦积山东南部及陇南市东部；陕西榆林西部、秦岭以南大片地区；山西晋源区局地；河北邯郸市东部、衡水市、沧州市、廊坊市等地；天津；辽宁锦州市、阜新市、铁岭市以东、丹东以北大部地区、桓仁县；吉林集安市西南部、珲春市；山东菏泽市、济宁市、聊城市、德州市、滨州市、枣庄市、临沂市等地；河南濮阳市、开封市、商丘市、周口市、漯河市以南、南阳市以东大部地区及江苏苏北等地。

6.2　雷司令(Riesling)

中晚熟品种，原产德国，是莱茵河畔古老的品种，栽培面积达 2.3 万 hm^2，在世界各地栽培广泛，偏爱阴凉气候，在原产地欧洲适宜种植在北纬 51°附近，多种植于向阳斜坡及沙质黏土酸性页岩土质，产量大，产量在优质品种中较高。植株发芽中早，生长势一般，丰产性中等偏弱，需中长梢修剪，抗寒性强，是欧亚种中最抗寒的。土质适应性强，但抗病性弱，对各种果实病害均十分敏感，适合在夏秋降雨少的地区栽培。雷司令在成长过程中尽管对糖有很高的积聚，但同时对酸度也有不错的积累，获得很好的平衡。雷司令能很好地反映产地土壤气候的特征。

生态最适宜种植区分布在河北张家口的怀安、万全、宣化、阳原等县区；内蒙古扎鲁特旗、巴林右旗、乌拉特后旗、巴彦淖尔市、乌海市、额济纳旗；宁夏贺兰山东麓、红寺堡区、清水河流域；甘肃景泰县、定西市；新疆哈密、塔城市、乌苏市、博乐市、伊宁县、昭苏县、特克斯县等地。

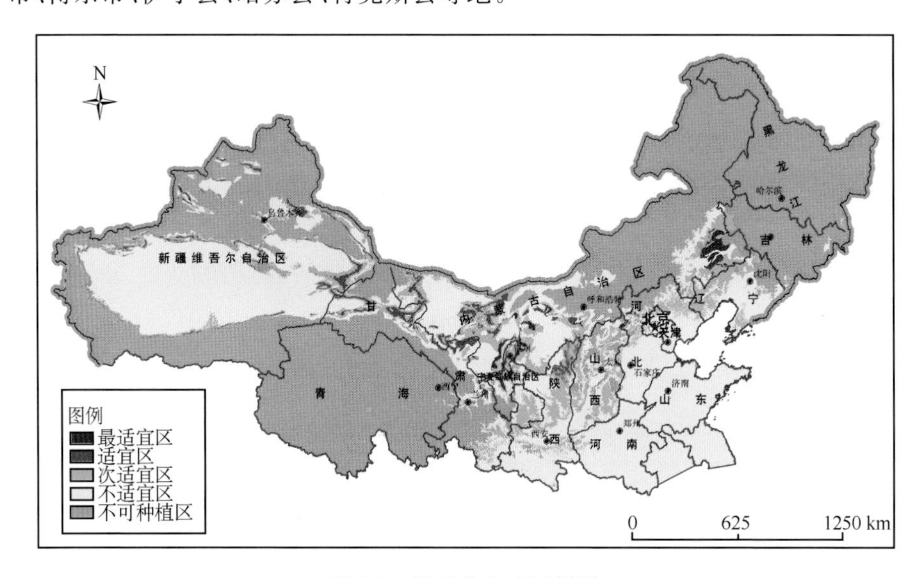

图 6-2 雷司令生态区划图

生态适宜种植区分布在河北张家口市；山西忻州市、太谷县；陕西榆林市；内蒙古赤峰市、杭锦后旗、乌拉特后旗、乌拉特中旗、包头市、上默特右旗、古兰泰；甘肃金昌市、武威市、景泰县、靖远县；新疆哈密市、乌鲁木齐市、库车县、阿克苏市、巴楚县、塔里木盆地周边南部局地。

生态次适宜种植区分布在辽宁西北大部地区；辽东半岛中部地区；吉林长春市及北部洮南市；河北太行山山脉南北走向及张家口东南大部、贯穿北京北郊东至七老图山一带；河南三门峡市中部等地区；山西吕梁山西侧、太岳山东侧；内蒙古通辽市、赤峰市、额济纳旗、阿拉善右旗、巴彦淖尔市、鄂尔多斯市、乌海市；宁夏银川市、永宁县、青铜峡市、红寺堡区；甘肃河西走廊、景泰县、靖远县、白银市、兰州市、秦安县、礼县、陇南市、庆阳市、平凉市；陕西秦岭以北大部地区及西安东部部分地区；新疆克拉玛依市、吐鲁番盆地等地。

新疆塔克拉玛干沙漠和库木塔格沙漠、古尔班通古特沙漠、乌苏市局地；内蒙古巴丹吉林沙漠、腾格里沙漠、乌兰布和沙漠、浑善达克沙地及科尔沁沙地；甘肃库木塔格沙漠、嘉峪关市和酒泉市以北大部地区、腾格里沙漠、天水市麦积山东南大部及陇南市东部；陕西榆林西部及东部、秦岭以南大片地区；山西太原市、临汾市至运城市、晋城市等大部地区；河北中南大部；北京大部地区及天津市；辽宁大部；吉林通化市集安西南部、珲春市；山东省；河南省大部及江苏苏北地区都不适宜种植雷司令。

6.3 赛美蓉（Semillon）

别名赛米隆，中熟品种，原产法国，主栽于波尔多地区，适合温和型气候，发芽中早，植株生长势中等，宜采用篱架栽培，中、短梢修剪，修剪枝条时不能留太多芽眼；进入结果期稍晚，较抗寒，产量大，所产葡萄粒小，糖分高，容易氧化；适于栽培在砾质土及钙质土中，尤其是石灰质黏土及石灰岩地土，因为这样才能确保有较多的酸味。但抗病性稍差，因其果皮较薄，在生长季节中果实容易感染白腐病、灰霉病、黑腐病和遭遇红蜘蛛的危害，果实成熟时遇雨常发生裂果，生产中应重视并及早防治。成熟期晚于霞多丽一周，在适合的地区可以酿造甜美浓郁的贵腐甜酒，在法国是酿造“贵腐酒”的重要品种。

赛美蓉生态最适宜区分布在内蒙古科右中旗、通辽市大部、额济纳旗西区、乌拉特前、中、后旗；宁夏贺兰山东麓至青铜峡市、灵武南部及盐池东部、红寺堡区及同心等区域；甘肃东部的白银市景泰县、靖远县、定西市；新疆哈密东北部、塔城市及托里县、裕民县、博乐市、石河子市、库车县、若羌县；山西大同市；河北张家口的怀来县、宣化区等地。

生态适宜区分布在新疆哈密市、库尔勒市、巴楚县、喀什市、若羌县；内蒙古赤峰市、库伦旗、包头市、乌兰察布、杭锦后旗、阿拉善右旗、乌拉特前、中、后旗及巴彦淖尔、额济纳旗西北部；甘肃环县、庆阳市、平凉大部、秦安县、定西市、白银市、武威市、玉门市北部等大片区域；宁夏盐池县、红寺堡区、同心县；陕西省渭南市、延安市、榆林市、神木县、靖边县、定边县等地区；山西省吕梁山脉两侧及其西侧的偏关以南至吕梁市一带、忻州市、晋中市等地；河北省宣化区、怀来县、蔚县、涿鹿县；辽宁阜新市等地。

生态次适宜种植区分布在新疆塔城市、塔里木盆地北部大片地区及南部周边连片等地；内蒙古额济纳旗、阿拉善右旗、巴彦淖尔市、鄂尔多斯市、包头市、乌海市及内蒙古东部的通辽大部及赤峰等地；宁夏中北大部成片地区；甘肃金昌市、武威市、靖远县、白银市、兰州市、天水市、陇南市、庆阳市、平凉市等大片地区；陕西铜川市、延安市、榆林市；山西朔州市、忻州市、长治市、阳泉市，山西中南大部；河北张家口以东；北京北郊；辽宁北界努鲁儿虎山脉、朝阳市及辽东半岛；吉林长春市。

新疆塔克拉玛干沙漠和库木塔格沙漠、古尔班通古特沙漠、乌苏市局地；内蒙古巴丹吉林沙漠、腾格里沙漠、乌兰布和沙漠、浑善达克沙地及科尔沁沙地，甘肃库木塔格沙漠、嘉峪关和酒泉以北大部地区、天水市麦积山东南大部及陇南市东部；陕西榆林西部及东部、秦岭以南大片地区；山西太原、临汾至运城、晋城等大部地区；河北中南大部；北京大部地区及天津市；辽宁中部及辽东半岛的东北部；吉林通化市、集安市西南部、珲春市；山东省；河南省大部及江苏苏北地区都不适宜种植赛美蓉(图 6-3)。

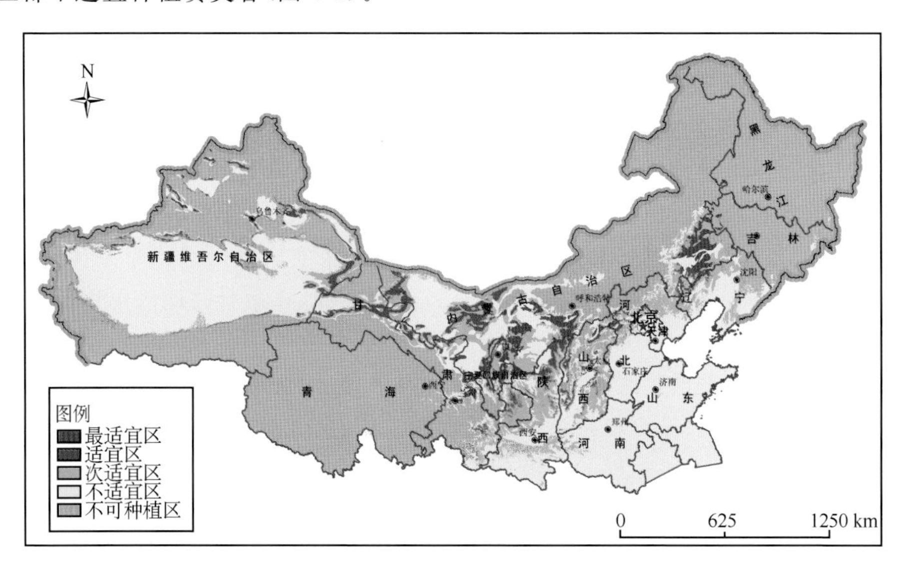

图 6-3　赛美蓉生态区划图

6.4　白比诺(Pinot Blanc)

别名白彼诺、白品乐、白美酿、白根地，早熟品种，原产法国，在阿尔萨斯有广泛的种植，此外在德国、意大利和匈牙利也有种植，白比诺 1951 年从匈牙利引入中国。白比诺是酿制香槟酒和白葡萄酒的优良品种，许多国家和地区将它列为酿制白葡萄酒和香槟酒的标准品种。由它酿成的酒，淡金黄色，澄清发亮，有悦人的果香和酒香，丰满完整，柔和爽口，醇厚圆润，回味绵延，酒质上等。如与黑比诺、灰比诺搭配，可酿出极高档的香槟酒。

白比诺生态最适宜区分布在大兴安岭东南边缘包括科尔沁右翼中旗、巴林左旗及巴林右旗狭长的一线；山西大同市、怀仁县一带；宁夏盐池县、中卫市及贺兰山东麓；内蒙古鄂托克旗、鄂尔多斯市一带；甘肃省兰州以北白银；新疆的零星地区。以上这些地区土质适合，气候适宜，是发展白比诺的最佳地区(图 6-4)。

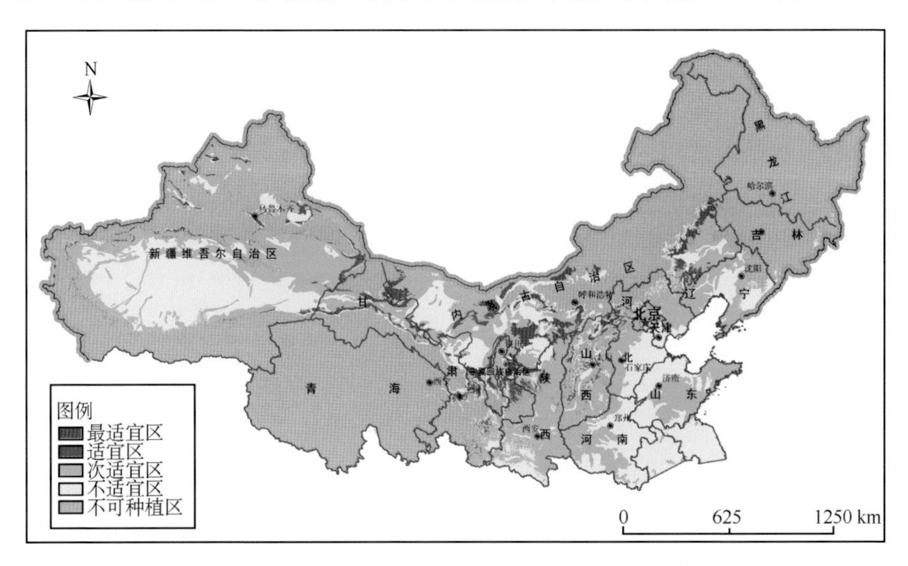

图 6-4　白比诺生态区划图

生态适宜区分布在河西走廊的张掖、嘉峪关、敦煌一线；巴丹吉林沙漠周边零星地区；内蒙古赤峰市周边地区；陕北榆林市；甘肃庆阳市等地，上述地区气候适宜，但土质稍差。

山西、陕西、北京、天津、宁夏、甘肃大部、山东东部、河北北部、辽宁南部、新疆南部、内蒙古南部地区，在这些地区种植白比诺虽然可以成熟，但有一定的风险，是生态区划的次适宜区。

安徽、江苏、河南、河北南部、山东西北部不适宜种植白比诺。

6.5　白诗南(Chenin Blanc)

中熟品种，原产法国，是法国卢瓦尔河中部地区的酿酒良种。最早在法国的卢瓦尔谷地广泛栽种，目前在美国加利福尼亚、澳大利亚、南非和南美普遍种植，1980 年由德国引入中国，1990 年前后多次从法国引进，目前河北沙城、昌黎，北京，山东青岛市、蓬莱市、龙口市，新疆鄯善县和陕西丹凤县等地均有较多的栽培。该品种为法国著名的酿制甜白、干白、起泡和谐丽酒的良种，由它酿成的酒常有蜂蜜和花香味，浅黄带绿色，澄清透明，酒体丰满，醇和爽口，酒质上等。早摘的白诗南葡萄酿制的酒有一种淡淡的青草和药草的芳香。品质最好的白诗南酸度高、质地圆润、非同寻常，经陈酿色泽呈深深的金黄色，可存放 50 年甚至更长的时间。

生态最适宜地区(图 6-5)主要分布在大兴安岭东南麓的连片地区，包括阿鲁科尔沁旗以东、通辽以西、科尔沁右翼中旗以南、奈曼旗以北的区域；贺兰山东麓地区，包括大武口区、银川平原、中卫牛首山一带；贺兰山西麓内蒙古阿拉善左旗一带；内蒙古的五原县、磴口县东部；甘肃省零星地区；新疆的零星地区。以上这些地区土质适合、气候适宜，是发展白诗南葡萄品种的最佳地区。

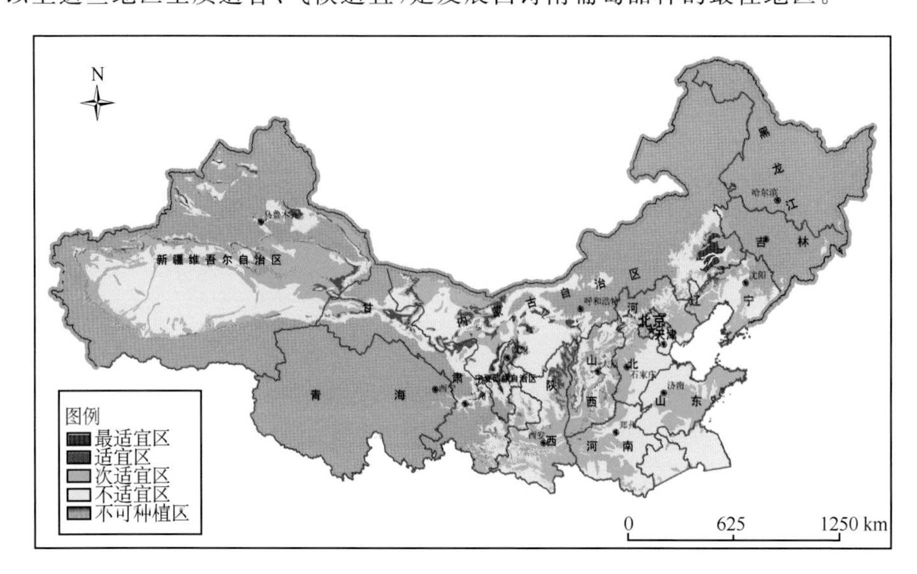

图 6-5 白诗南生态区划图

生态适宜区主要分布在黄河后套地区，包括磴口县、杭锦后旗、乌拉特前旗、包头等地；河西走廊的金昌市北部地区、嘉峪关市、酒泉市的北部地区；辽宁阜新市东北部；陕北榆林市；巴丹吉林沙漠与腾格里沙漠周边地区；新疆哈密的东南部地区。以上地区气候适宜，但土质稍差。

生态次适宜区主要分布在辽宁西部、北京、天津大部、河北西部、河南西部、山西南部、陕西东南部、新疆吐鲁番盆地、塔里木盆地周边、宁夏中北部地区热量条件好，种植白诗南有过熟现象，葡萄品质下降。甘肃河西走廊、内蒙古中部、新疆中部这些地区种植白诗南虽然可以成熟，但有一定的风险。

江苏、安徽、河南开封市、山东德州市、河北衡水市、内蒙古鄂尔多斯市、阿拉善左旗、阿拉善右旗、陕西定边县、新疆塔里木盆地腹地等不适宜种植白诗南。

6.6 黑比诺(Pinot Noir)

早熟品种，原产于法国，是世界酿造名贵葡萄酒的品种，于 1936 年引入中国。相对于其他酿酒葡萄品种，黑比诺酿酒性能不十分稳定，不易酿出好葡萄酒，但以该葡萄成功酿造的葡萄酒，口味非常独特，有樱桃和草莓的果香，也有湿土、雪茄、蘑菇以及巧克力的味道，是颇具淑女风范的一款葡萄酒。由于该葡萄品种很难种植，前期引种的地区多出现生长势参差不齐、落花落果严重、丰产性差的问题，但经过多年的适应性栽培，国内也有一些成功引种、栽培黑比诺品种的地区(何旺庄 2001)。

黑比诺生态最适宜区主要分布在东北大兴安岭南段余脉东麓，内蒙古突泉县、科尔沁右翼中期、扎鲁特旗、阿鲁科尔沁旗和巴林右旗等；晋冀交界地区，包括山西大同县、怀仁县和河北怀安县等地；沿阴山山脉南、北两麓的内蒙古磴口县、杭锦后旗、乌拉特中旗、乌拉特前旗和包头市，位于鄂尔多斯高原上的内蒙古鄂托克旗、鄂托克旗前旗、杭锦旗南部、达拉特旗、伊金霍洛旗和准格尔旗等地；贺兰山东西两麓的内蒙古阿拉善左旗东部，宁夏银川各市县西部、灵武市、盐池县、同心县、中卫沙坡头区和海原县等；甘肃中部景泰县、白银市、靖远县、皋兰县和永靖县等，阿尔金山山麓的阿克塞哈萨克族自治县，以及沿祁连山北麓的高台县和临泽县等地；新疆东部的伊吾县、温泉县，沿天山山脉南北麓的乌鲁木齐市和木垒哈萨克自治县、拜城县和库车县等，伊犁河谷地区的霍城县、伊宁县、巩留县和新源县等，以及准噶尔盆地西缘塔城市、裕民县、托里县和温泉县等地(图 6-6)。

生态适宜区主要分布在西北地区，内蒙古中西部的乌拉特后期、阿拉善左旗和额济纳旗等地，甘肃瓜州县、玉门市、金塔县、临泽县、金昌市和张掖市等沿祁连山山麓地区各县市，沿阿尔金山东段南麓的敦煌市部分地区；其他地区多为零散分布，河北蔚县，山西应县、怀仁县南部、山阴县北部，陕西府谷县、神木县西部、榆林市东部、定边和靖边北部，内蒙古达拉特旗北部、乌拉特后期北部、阿拉善左旗中北部、额济纳旗西部，新疆哈密地区东部、奇台县、阿合奇县等地。

生态次适宜区分布在大兴安岭南麓余脉的内蒙古通辽、开鲁县、奈曼旗、库伦旗等；辽宁朝阳市、葫芦岛市和辽东半岛的大部市县；北京、河北北部和河北西部沿太行山东麓地区；山西、山东大部、陕西中北部、河南西部、甘肃东部；青海东部位于湟水谷地和黄河谷地的民和县、化隆县和乐都县等地；内蒙古西部额济纳旗和阿拉善盟大部；新疆哈密大部、吐鲁番盆地以及塔里木盆地周边地区。

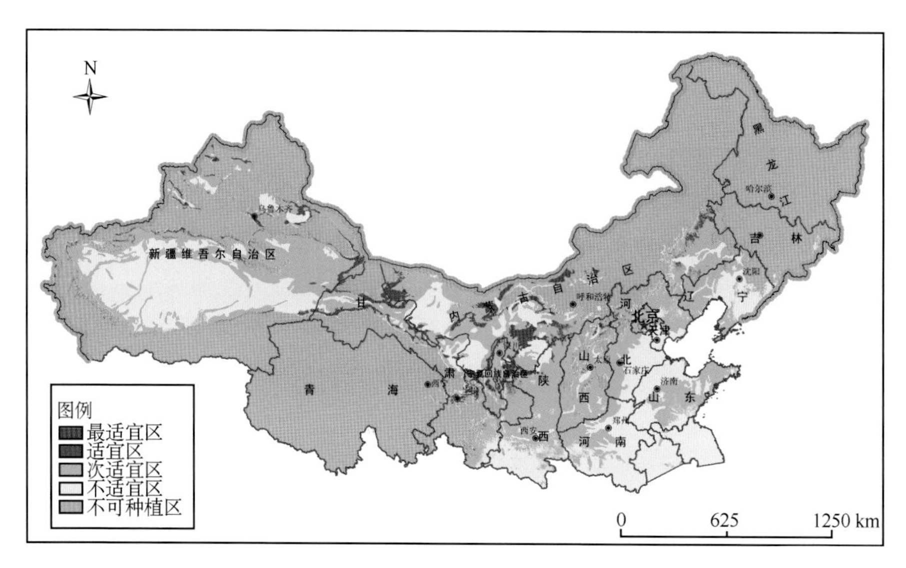

图 6-6　黑比诺生态区划图

生态不适宜区分布在辽宁中部盘锦市、营口市、辽阳县、丹东市等地；河北东部沧州市、衡水市区；天津、山东西部、河南中东部；甘肃武威市、民勤县等地部分地区；内蒙古阿拉善左旗南部、阿拉善右旗西南部、额济纳旗东南部、乌审旗、杭锦旗东北部等；新疆塔里木盆地部分县市、天山东段北麓阜康市等地。

6.7 黑佳美(Gamay Noir)

别名佳美、黑格美、宝祖利佳美，早熟品种，原产法国。中国于 1957 年从保加利亚引进栽培，该品种适应性强，抗病性中等，但果实成熟时，有少部分绿果。生长势中等，较丰产。风土适应性较强，抗病性较差。目前，在中国少数地区有栽培。

黑佳美生态最适宜区分布在大兴安岭南麓余脉的内蒙古突泉县、科尔沁右翼中期、扎鲁特旗、巴林右旗、阿鲁科尔沁旗、库伦旗、敖汉旗等地；晋冀地区的河北怀安县、万全县、阳泉市、山西大同县、阳高县、怀仁县、阳曲县、兴县、吉县、灵石县、古县北部等地；内蒙古沿阴山山脉的磴口县、杭锦后旗、乌拉特中旗、乌拉特前旗、包头市、达拉特旗、呼和浩特市和林格尔县，以及鄂尔多斯高原的鄂托克旗、伊金霍洛旗、准格尔旗等地；贺兰山东西两麓银川各市县西部、阿拉善左旗东部，以及宁夏灵武市、盐池县、同心县、中卫市、海原县等地；甘肃中部的靖远县、景泰县、白银市、永靖县、皋兰县南部等，以及高台县、临泽县、阿克塞哈萨克族自治县等；新疆地区，沿天山山脉的温泉县、霍城县、伊宁县、巩留县、新源县、乌鲁木齐市等以及奇台县、伊吾县、哈密东北部，准噶尔盆地西部的塔城市、裕民县和托里县等(图 6-7)。

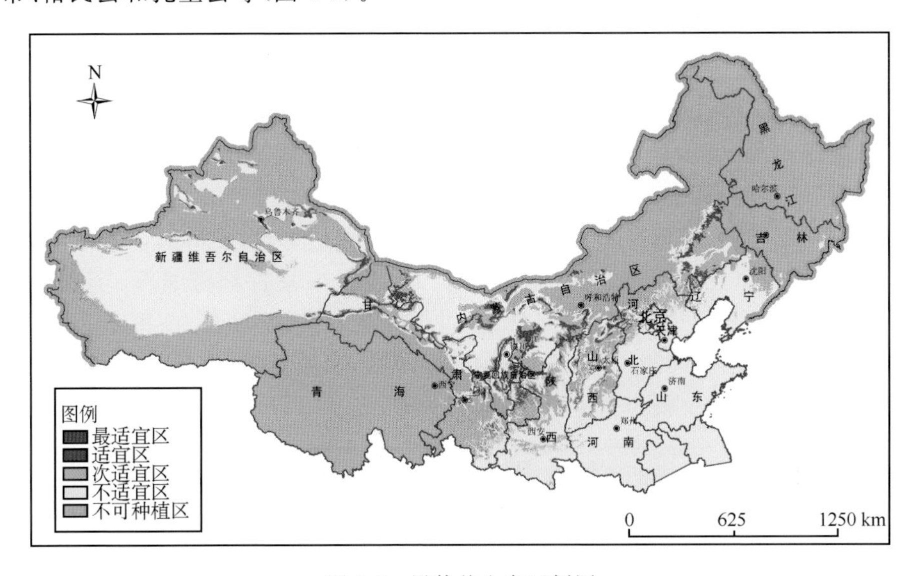

图 6-7　黑佳美生态区划图

生态适宜区分布在内蒙古东部翁牛特旗、敖汉旗等；河北蔚县、涿鹿县、宣化区等；山西浑源县、应县、山阴县、朔州市、寿阳县、乡宁县、永和县等；陕西西北部定边县、靖边县、子长县、安塞县等；甘肃东部环县、庆阳市、镇原县等，沿祁连山山脉的定西市、金塔县、酒泉市、玉门市、临泽县、张掖市等；新疆哈密市东部、木垒哈萨克自治县北部、准噶尔盆地西北部和布克赛尔蒙古自治县等地。

生态次适宜区分布在内蒙古东部开鲁县、科尔沁左翼后期、库伦旗、奈曼旗、宁城县等；辽宁昌图县、阜新市、凌源市等；河北北部隆化县、滦平县、承德市、平泉县；山西境内沿太行山和吕梁山部分县市；陕西北部延安与榆林市中部；甘肃东部庆阳市各县市、沿祁连山山麓省市；内蒙古中西部鄂托克旗、乌审旗、杭锦旗、五原县、阿拉善右旗东部等地；新疆哈密市东部、奇台县、拜城县等。

生态不适宜区分布在辽宁大部，天津、北京、河北、山东、河南大部，陕西北部，内蒙古西部额济纳旗东部，宁夏北部，新疆哈密市西部、鄯善县、吐鲁番市、阜康市、精河县、乌苏市以及塔里木盆地区域。

6.8 美乐(Merlot)

中熟品种，原产法国波尔多。20 世纪 80 年代引入中国，是最受欢迎的红葡萄品种。紫黑色、果粉厚、果皮中厚、果肉多汁、味酸甜，有浓郁青草味，并带有欧洲草莓独特香味，可以用来大量酿制美味而柔滑的葡萄酒。

美乐生态最适宜区分布在：东北地区，大兴安岭南麓余脉的内蒙古开鲁县、奈曼旗、库伦旗等，以及东北平原西南部吉林洮南市和通榆县，辽宁北票市、朝阳市、凌源市等；晋冀地区，河北万全县、怀安县、阳原县，山西怀仁县以及阳曲县、吉县、兴县等；西北地区，沿阴山山脉两麓的内蒙古磴口县、乌拉特前旗、达拉特旗、托克托县，以及鄂尔多斯高原的杭锦旗、鄂托克旗、准格尔旗等地，贺兰山东西两麓银川各县西部、阿拉善左旗东部，以及内蒙古额济纳旗、宁夏灵武市、盐池县、同心县、中卫市、中宁县，甘肃中部景泰县、靖远县、白银市、永靖县等地；新疆天山山脉西段伊宁县、巩留县、新源县、霍城县等，准噶尔盆地西部塔城市、裕民县等，以及新疆东部伊吾县(图 6-8)。

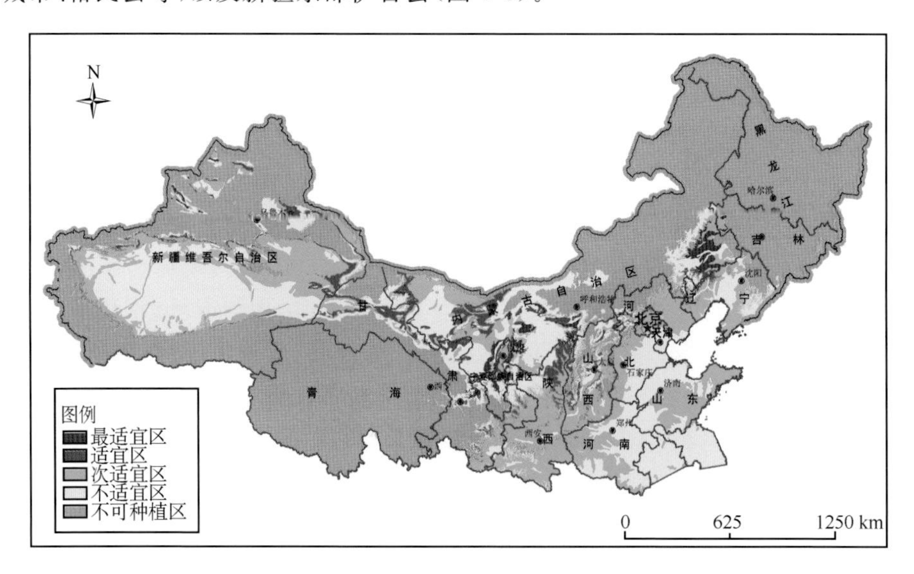

图 6-8 美乐生态区划图

美乐生态适宜区分布在：东北大兴安岭南麓余脉的辽宁阜新县、内蒙古敖汉旗、奈曼旗南部；沿太行山山脉两麓的河北蔚县、怀来县，山西应县、原平市、阳曲县、忻州市、榆社县、襄垣县、平遥县、祁县等地，以及吕梁山山地的临县、孝义市、永和县、乡宁县、汾西县等地；陕北府谷县、神木县、佳县、横山县、子洲县、清涧县、宜川县等；宁夏永宁县、青铜峡市、中宁县；甘肃东部镇原县、甘谷县、秦安县、天水市，中部的靖远县、白银市和兰州市，沿祁连山山脉的玉门市、瓜州县、金塔县、临泽县、高台县、民勤县等；内蒙古西部额济纳旗、阿拉善左旗北部、乌拉特后旗、五原县、临河区、土默特右旗等地；新疆地区的哈密市东部、奇台县、准噶尔盆地西北部和布克赛尔蒙古自治县等地。

美乐生态次适宜区分布在：东北平原南部吉林昌图县、洮南市西南部、通榆县西部，辽宁朝阳各县以及辽东半岛南部各县，大兴安岭南麓余脉的科尔沁左翼后期、科尔沁右翼中期、突泉县、赤峰市、建平县、宁城县等地；沿太行山山脉和燕山山脉的河北各县及北京大部；山东大部县市，河南中西部县市，山西南部各县，陕西中南大部，内蒙古额济纳旗东部、阿拉善右旗北部等，甘肃东部各县；新疆东部哈密市、鄯善县、托克逊县、精河县、乌苏市等，以及塔里木盆地周边县市。

美乐生态不适宜区：如图 6-8 所示，在酿酒葡萄可种植区内除最适宜区、适宜区和次适宜区外的其他地区，如内蒙古翁牛特旗、巴林右旗，辽宁黑山县、新民县、北镇市、盘锦地区各县、凤城市、丹东市等；天津大部、河北东部各县、山东西部、河南东部各县市等；内蒙古鄂尔多斯高原乌审旗、东胜区、伊金霍洛旗、杭锦旗东部、乌拉特中旗、阿拉善左旗南部、阿拉善右旗西南；宁夏盐池县中部、中卫市南部、同心县东南部、海原县北部；甘肃环县、皋兰县、永登县、武威市、张掖市东部、民勤县东部、酒泉市等地；新疆塔里木盆地及东部各县、阜康市、温泉县、乌苏市等。

6.9 西拉（Syrah）

别名红西拉，中熟品种，原产法国。西拉是一个古老的酿酒葡萄品种。抗病力较强。西拉是酿制干红葡萄酒的良种。中国在 20 世纪 80 年代引进试栽，可在中国北部地区发展。

西拉生态最适宜区在全国有三个比较集中的区域，一个是东北地区，大兴安岭南段余脉东麓的内蒙古开鲁县、奈曼旗、库伦旗、扎鲁特旗等，以及辽宁西部的阜新市、北票市、凌源市等；第二个是西北地区，内蒙古阴山山脉南麓的磴口县、杭锦旗、乌拉特前旗，鄂尔多斯高原的鄂托克旗、托克托县、准格尔旗、鄂托克旗前旗，贺兰山东西两麓宁夏贺兰县、永宁县、青铜峡市西部和内蒙古阿拉善左旗东部，宁夏中宁县、同心县、灵武市西南部、中卫市沙坡头区东北部，甘肃中部景泰县、白银市等地；第三个集中区域是新疆伊犁地区的霍城县、伊宁县和察布查尔锡伯自治县等；除了三个集中区域外，在河北张家口市、万全县、阳原县，山西阳曲县、兴县，河南陕县，新疆伊吾县、乌鲁木齐市、裕民县、库车县等地有一些零散分布(图 6-9)。

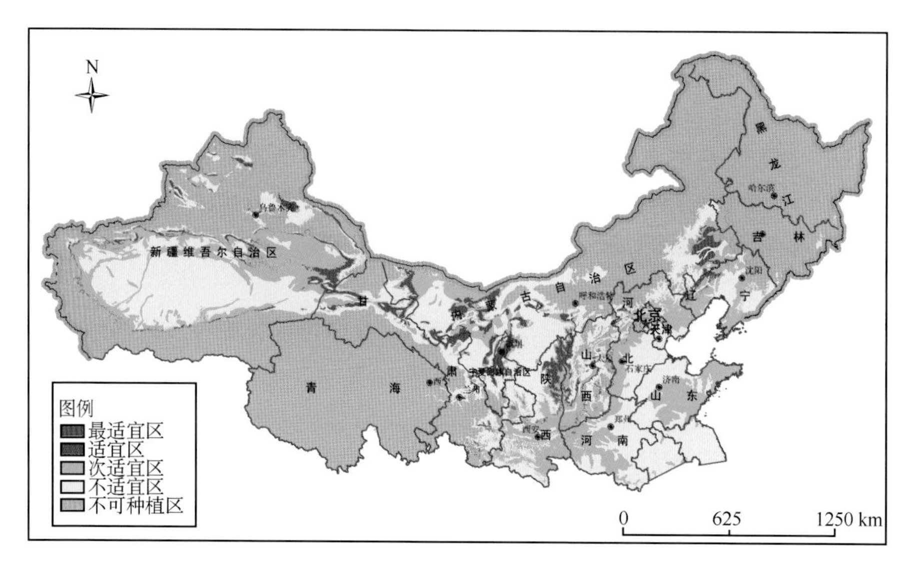

图 6-9 西拉生态区划图

生态适宜区分布在：晋陕北部交界沿黄河流域的陕西府谷县、神木县、佳县、米脂县、子洲县、横山县、柳林县、清涧县等地和山西的保德县、兴县、临县、永和县、吉县、隰县等，以及山西中南部山地孝义市、汾西县、古县、榆次区、太谷县、平遥县等；西北地区，宁夏北部沿黄河流域各县大部，内蒙古西部阿拉善盟、额济纳旗等地，甘肃沿祁连山山麓的敦煌市、瓜州县、玉门市、金塔县、民勤县等；新疆地区，哈密市东部、奇台县、伊吾县、巴里哈萨克自治县、精河县、准噶尔盆地西北部的和布克赛尔蒙古自治县、塔里木盆地北部各县市等。

生态次适宜区分布在：东北地区的内蒙古敖汉旗、赤峰市、科尔沁右翼中旗、科尔沁左翼后旗等，吉林通榆县等，辽西走廊建昌县、绥中县、兴城市、葫芦岛市、义县、康平县等以及辽东半岛大部、沈阳市大部；太行山山脉河北各省市及北京大部、河北北部、山东大部、河南西部、山西南部各县市；西北地区的陕西中北部沿秦岭各县、内蒙古西部部分地区，新疆吐鲁番地区鄯善县大部、哈密市西部、乌苏市、塔城市、塔里木盆地周边部分县市等。

生态不适宜区分布在：东北地区酿酒葡萄可种植区其他区域，包括内蒙古翁牛特旗、巴林右旗等，辽宁中部黑山县、台安县、盘山县、辽中县和凤城市、丹东市、东港市等；天津大部、河北东部、山东西北部、河南东部各省市；西北地区的陕西西北部和东南部、宁夏中部、甘肃东部庆阳市各县市和中部皋兰县、武威市、张掖市、永登县等，内蒙古中部鄂托克旗、乌审旗、鄂尔多斯市各县市；新疆塔里木盆地及东部地区、木垒哈萨克自治县、乌鲁木齐市、阜康市、乌苏市、温泉县等地。

6.10 赤霞珠（Cabernet Sauvignon）

中晚熟品种，原产法国。赤霞珠是全世界范围内最为广泛种植的红葡萄品种。适合温热气候，在冷凉气候条件下或冷的年份无法成熟。有黑醋栗、黑樱桃（略带柿子椒、薄荷、雪松）味道，果味丰富、高单宁、高酸度，陈年酒常有烟熏、香草、咖啡的香气，具有陈酿之质。赤霞珠生长势中等，结实力强，易丰产，风土适应性强，抗病性极强，较抗寒，喜肥水。

赤霞珠生态最适宜区主要分布在新疆的伊犁河谷、乌鲁木齐市、伊吾县东部；内蒙古阿拉善左旗的贺兰山西麓、杭锦后旗、乌拉特前旗南部、鄂托克旗的毛乌素沙地西沿和库伦旗；宁夏贺兰山东麓中段、银川市和石嘴山市的黄河东岸地区、吴忠的关马湖至白土岗一带、中宁的黄河两岸、同心的清水河两岸；河北省的张家口一带。

生态适宜区分布在新疆的塔里木盆地四周最外沿的狭长地带，博乐市、精河县、艾比湖东北，克拉玛依市的马尔禾区，奇台县和吉木萨尔县，巴里坤县北部，哈密南和吐鲁番东部的广大地区；甘肃的敦煌市至阿克塞北部、嘉峪关北部和金塔、金昌市至民勤县一带、天水的渭河两岸、崇信县和泾川县一带；内蒙古额济纳旗中部、阿拉善右旗的南部及芒罕超克和阿拉腾敖包一带，阿拉善盟和巴彦淖尔市的德力格、北银根至多若布毛道一带；宁夏平原引黄灌区；陕西的陕北东部地区、关中平原北缘、秦岭南麓、洛南；山西的吕梁山西麓和东麓、太行山中段西麓、太原盆地、临汾盆地东部、长治盆地；河北的太行山东麓、承德市、青龙县；河南的崤山、熊耳山和伏牛山之间的河谷地带；北京市房山区的西部；辽宁的辽西大部、辽东半岛西部。

生态次适宜区分布在新疆的塔里木盆地四周外缘、博乐市、精河县、哈密盆地和吐鲁番盆地的广大地区；甘肃河西走廊的敦煌市、张掖市、陇南市、庆阳市；

内蒙古的额济纳旗、乌海市、包头市、兴安盟南部、赤峰市和通辽市大部；宁夏灵武市、吴忠市和青铜峡市、中卫市、同心县；陕西关中平原；山西的汾河两岸、临汾盆地大部；河北涿州市、保定市、定州市、晋州市、宁晋县、邯郸市、遵化市、迁安市、秦皇岛市、唐山市和昌黎县等地；河南的鹤壁市、新乡市和焦作市一带，河南西部除南阳盆地外的广大地区；北京市大部和天津蓟县；山东省中部山地丘陵区和胶东半岛大部；辽宁西北部、辽东半岛大部地区和吉林四平市。

生态不适宜区分布在新疆的塔里木盆地大部，准噶尔盆地东部；甘肃的玉门市北部、古浪县、静宁县、庄浪县、成县、西和县等地；内蒙古的额济纳旗、鄂尔多斯；宁夏同心、海原、固原；陕西定边；山西北部大部地区；河北的华北平原东南大部；河南的南阳盆地中部和南部，河南东部大部地区；天津大部；山东北部和西部的平原区；安徽和江苏的淮河以北广大地区；辽宁的辽河平原。

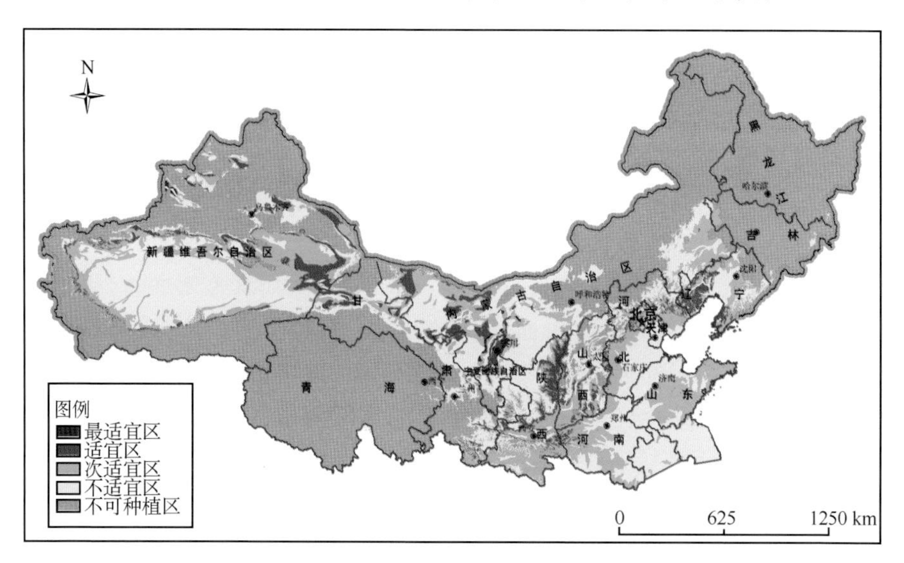

图 6-10　赤霞珠生态区划图

6.11　蛇龙珠(Cabernet Shelongzhu)

晚熟品种，原产地不详，是酿制红葡萄酒的世界名种。植株生长势较强，适应性较强，抗旱、抗炭疽病和黑痘病，对白腐病、霜霉病的抗性中等。果粒比赤霞珠大，蓝黑至紫黑色，果皮厚，果肉多汁，具特殊的青草香味，酿酒特性极佳，酒宝石红色，具野果香型，醇厚、爽口、酒体丰满。

蛇龙珠生态最适宜区面积较小，呈零星分布，主要分布在新疆的伊犁河谷北缘、乌鲁木齐市、塔城市、伊吾县东北部；内蒙古阿拉善左旗的贺兰山西麓，额济纳旗的石板井、路井一带，杭锦后旗、乌拉特前旗南部、鄂托克旗的毛乌素沙地西沿、科尔沁右翼中旗的南部、库伦旗、准格尔旗、土默特左旗和土默特右旗一带；宁夏银川市的黄河东岸地区、灵武西部、吴忠市；山西阳曲县和灵石县等地零星分布；河北省的张家口市一带、阳原县等地的桑干河流域；辽宁西部的朝阳和北票市的北部、凌源市等地（图 6-11）。

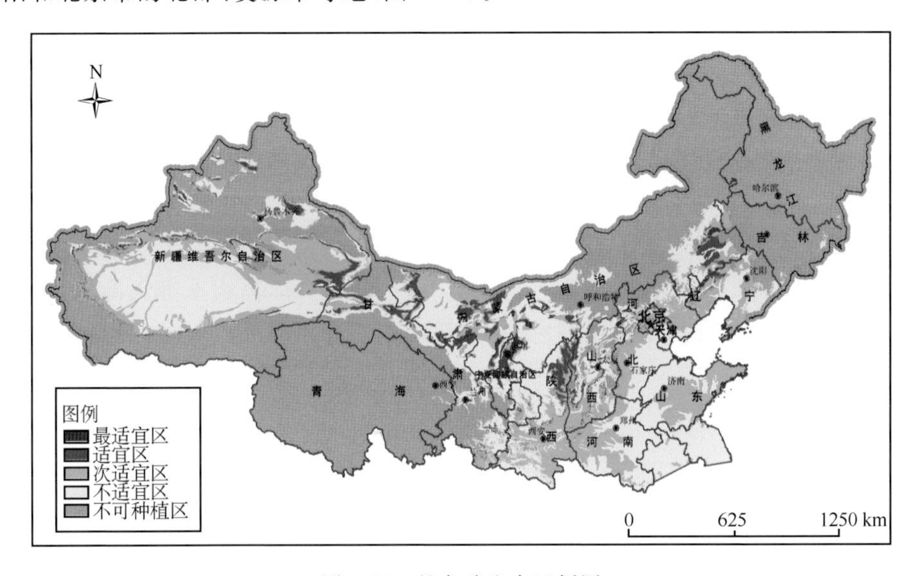

图 6-11　蛇龙珠生态区划图

生态适宜区主要分布在新疆的塔里木盆地四周外缘、伊犁河谷、博乐市、精河县部分地区、克拉玛依市的马尔禾区、北塔山西南部、北天山的东北麓、哈密盆地的北缘和东部地区；甘肃河西走廊的阿尔金山北麓、北山南麓、玉门—酒泉—金塔—高台一线，金昌至民勤一带，景泰县、靖远县和兰州市的黄河流域，甘谷县、武山县及庆阳市的部分地区；内蒙古额济纳旗中部、阿拉善右旗的南部、乌兰布和沙漠西北部至狼山西北麓的广大地区、巴彦淖尔市和包头市部分地区、通辽市开鲁县的科尔沁沙地大部；宁夏引黄灌区大部、同心县清水河流域；陕西的陕北东部地区；山西的吕梁山西麓和东麓南段、太行山西麓也有零散分布；辽宁的阜新市西北部。

生态次适宜区主要分布在新疆的塔里木盆地四周外缘，塔里木河及其支流叶尔羌河、和田河流域，克里雅河和车尔臣河流域，博乐市、精河县大部，北天山东北麓大部，哈密盆地和吐鲁番盆地的广大地区；甘肃河西走廊的敦煌—玉门—张掖一带、武威、天水市和陇南大部，平凉市、庆阳市、庆城县、泾川县等地；

内蒙古的额济纳旗中部和东部大部地区，巴丹吉林沙漠东至乌兰布和沙漠西部的广大地区，毛乌素沙地西缘至乌海、包头黄河两岸，鄂伦春旗；宁夏的灵武市和盐池县东部部分地区；陕西省除陕北西部和秦岭山地的其他大部地区；山西南部大部；河北的太行山以东(东南)至涿州—保定—定州—晋州—宁晋—邯郸一线以西的广大地区，承德市、遵化市、迁安市、秦皇岛市、唐山市和昌黎县等地；河南的鹤壁市、新乡市和焦作市一带，河南西部除南阳盆地外的广大地区，大别山山区；北京市大部；天津市的蓟县；山东省中部山地丘陵区和胶东半岛大部；辽宁西北部的低山丘陵区、千山山脉的西北麓和东南麓、辽东半岛大部地区；吉林的洮南—通榆一线以西、四平市。

新疆的塔里木盆地大部、准噶尔盆地东部；甘肃的玉门北部、古浪县、静宁县、庄浪县、成县、西和县等地；内蒙古的额济纳旗西南部、巴丹吉林沙漠大部阿拉善左旗南部、毛乌素沙地大部、鄂尔多斯高原大部、阴山山脉以北、大兴安岭南缘；宁夏的中部干旱带大部；陕西的陕北西部；山西的吕梁山、太行山等山地；河北的华北平原东南大部；河南的南阳盆地中部和南部，河南东部大部地区；天津大部；山东北部和西部的平原区；安徽和江苏的淮河以北广大地区；辽宁的辽河平原不适宜种植蛇龙珠。

6.12 品丽珠(Cabernet Franc)

中熟品种，原产法国，为法国古老的酿酒品种，世界各地均有栽培，是赤霞珠、蛇龙珠的姊妹品种。品丽珠果实有浓烈青草味、混合有可口的黑加仑子和桑葚的果味。温度低而湿润地区较适合品丽珠的生长。

生态最适宜区：品丽珠的最适宜生态区面积较小，呈零星分布，主要分布在新疆的伊犁河谷、乌鲁木齐市、塔城市、伊吾县东北部；甘肃的景泰县、靖远县；内蒙古阿拉善左旗的贺兰山西麓、杭锦后旗、乌拉特前旗南部、鄂托克旗的毛乌素沙地西沿、科尔沁右翼中旗的南部；宁夏回族自治区贺兰山东麓，银川市的黄河东岸地区、灵武市西部、吴忠市、同心县的清水河流域；河北省的张家口市一带，阳原县等地的桑干河流域(图 6-12)。

生态适宜区：主要分布在新疆的塔里木盆地四周外缘、伊犁河谷、博乐市、精河县部分地区、克拉玛依市的马尔禾区、北塔山西南部、北天山的东北麓、哈密盆地的北缘和东部地区；甘肃河西走廊的阿尔金山北麓、北山南麓、玉门—酒泉—金塔—高台一线，金昌至民勤一带，景泰县、靖远县和兰州市的黄河流域，甘谷县、武山县及庆阳的部分地区；内蒙古额济纳旗中部、阿拉善右旗的南部、乌兰布和沙漠西北部至狼山西北麓的广大地区、巴彦淖尔市和包头市部分地区、通辽市开鲁县的科尔沁沙地大部；宁夏引黄灌区大部；陕西的陕北东部地区；山西的吕梁山西麓和东麓南段、太行山西麓也有零散分布；辽宁的阜新市西北部。

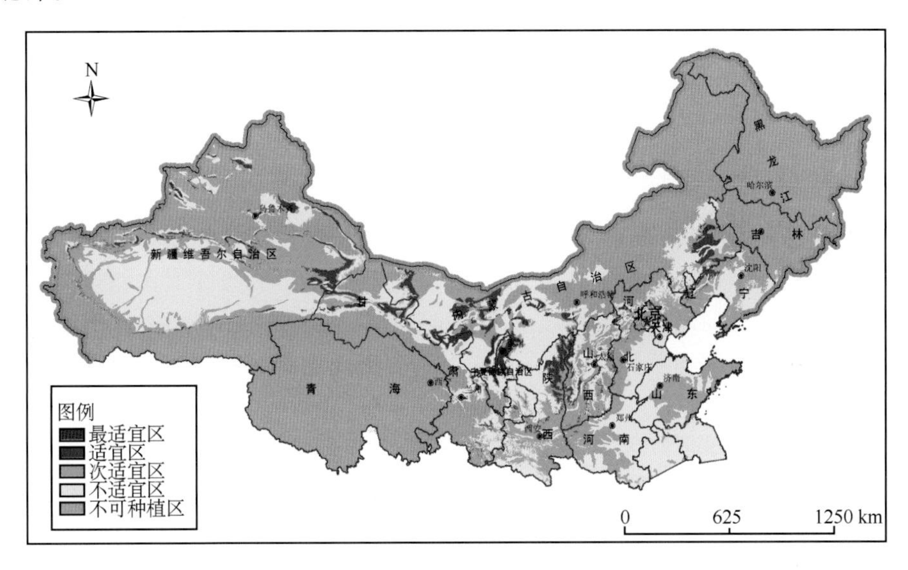

图 6-12　品丽珠生态区划图

生态次适宜区：主要分布在新疆的塔里木盆地四周外缘，塔里木河及其支流叶尔羌河、和田河流域，克里雅河和车尔臣河流域，博乐市、精河县大部，北天山东北麓大部，哈密盆地和吐鲁番盆地的广大地区；甘肃河西走廊的敦煌—玉门—张掖一带，武威市、天水市和陇南市大部，平凉市、庆阳市、庆城县、泾川县等地；内蒙古的额济纳旗中部和东部大部地区，巴丹吉林沙漠东至乌兰布和沙漠西部的广大地区，毛乌素沙地西缘至乌海、包头黄河两岸，鄂伦春旗；宁夏的灵武市和盐池东部部分地区；陕西省除陕北西部和秦岭山地的其他大部地区；山西南部大部；河北的太行山以东（东南）至涿州—保定—定州—晋州—宁晋—邯郸一线以西的广大地区，承德、遵化、迁安、秦皇岛、唐山和昌黎等地；河南的鹤壁市、新乡市和焦作市一带，河南西部除南阳盆地外的广大地区，大别山山区；北京市大部；天津市的蓟县；山东省中部山地丘陵区和胶东半岛大部；辽宁西北部的低山丘陵区，千山山脉的西北麓和东南麓，辽东半岛大部地区；吉林的洮南—通榆一线以西，四平市。

生态不适宜区：新疆的塔里木盆地大部、准噶尔盆地东部；甘肃的玉门北部、古浪、静宁、庄浪、成县、西和等地；内蒙古的额济纳旗西南部、巴丹吉林沙漠大部阿拉善左旗南部、毛乌素沙地大部、鄂尔多斯高原大部、阴山山脉以北、大兴安岭南缘；宁夏的中部干旱带大部；陕西的陕北西部；山西的吕梁山、太行山等山地；河北的华北平原东南大部；河南的南阳盆地中部和南部，河南东部大部地区；天津大部；山东北部和西部的平原区；安徽和江苏的淮河以北广大地区；辽宁的辽河平原。

6.13 歌海娜(Grenache Noir)

晚熟品种，原产西班牙。歌海娜是西班牙种植最广泛的红葡萄品种。歌海娜的产量高、成熟晚、含糖量高，所以需要在炎热和干旱的条件下才能完美地成熟。所酿造的葡萄酒通常酒精度比较高，带有红色水果如草莓、覆盆子的香气以及一点点白胡椒和草药的香气，酒陈年后会出现皮革、焦油和太妃糖的香气，口感圆润丰厚。

歌海娜生态最适宜区分布在陕西的商洛市和丹凤县；甘肃的陇南白龙江流域；河北的遵化市、迁西县、抚宁县和秦皇岛市；河南的洛河、伊河流域；山东中部的沂山低山丘陵区和胶东半岛的低山丘陵区大部；辽宁的绥中西北部(图 6-13)。

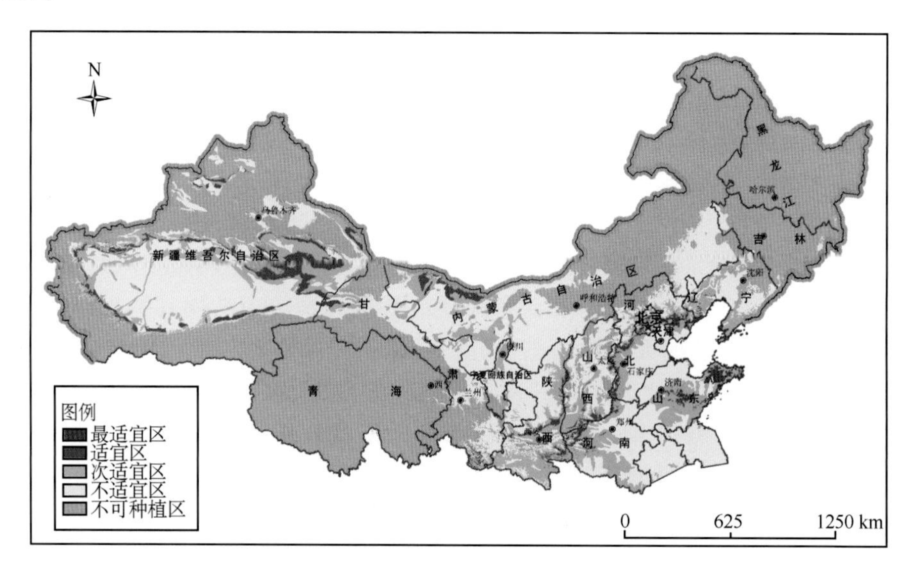

图 6-13　歌海娜生态区划图

生态适宜区分布在新疆的塔里木盆地四周外沿的狭长地带，博乐市、精河县、艾比湖东北，伊吾县和巴里坤县的东北部，焉耆县至吐鲁番盆地和哈密盆地中部；甘肃的阿尔金山北部的疏勒河流域；内蒙古额济纳旗中部的东河和西河流域北段，阿拉善盟的拐子湖—恩格日乌苏—乌兰呼海一带、乌海北部；陕西的渭河和洛惠渠流域、黄河西岸、丹江和乾佑河流域部分地区；山西的黄河东岸、霍州市、沁河和丹河流域南段；河北的太行山东麓、遵化市；河南的崤山东南麓、新乡；北京市的军都山东南麓；辽宁的绥中东南部。

生态次适宜区主要分布在新疆的塔里木盆地四周外缘、和田县、博乐市、精河、哈密盆地和吐鲁番盆地；甘肃河西走廊的敦煌市、玉门市、酒泉市；内蒙古的额济纳旗、乌海市、巴彦淖尔；宁夏中宁以北的引黄灌区大部；陕西榆林市、延安市东部；山西汾河流域、长治盆地；河北涿州市、保定市、定州市、晋州市、宁晋县、邯郸市、承德市、遵化市、迁安市、唐山市等地；河南的中部和西部大部地区；北京市大部；天津市的蓟县；山东省中部山地丘陵区和胶东半岛大部；辽宁的大部分地区。

生态不适宜区为新疆的塔里木盆地大部、准噶尔盆地东部；甘肃的河西走廊大部、黄河流域、天水大部、陇南北部、平凉和庆阳大部地区；内蒙古的额济纳旗西南部、巴丹吉林沙漠大部、阿拉善左旗南部、毛乌素沙地大部、鄂尔多斯高原大部、阴山山脉以北、兴安盟南部、赤峰市大部、通辽北部；宁夏的中部干旱带大部；陕西的陕北中部和西部、关中平原北部和秦岭山地；山西的中部和北部大部地区；河北的华北平原东南大部地区；河南的东部大部地区；天津大部；山东北部和西部的平原区；安徽和江苏的淮河以北广大地区；辽宁的辽河平原和千山山地南段。

6.14 宝石解百纳（Ruby Cabernet）

别名宝石，中晚熟品种，原产美国，1948 年由美国加州大学用赤霞珠和佳利酿杂交育成，1980 年自美国引入中国，现山东、河北试栽。宝石解百纳葡萄具有优良的栽培特性和酿酒特性，用其酿造的葡萄酒具有赤霞珠的解百纳型酒香，深宝石红色，酒体丰厚，滋味醇美，回味佳，是目前酿造高级红葡萄酒最有发展前途的优良品种。

宝石解百纳生态最适宜区主要分布在甘肃陇南的河谷地带；陕西的略阳，丹江流域；河北的遵化市、迁西县、迁安市和秦皇岛市的北部；河南伊河流域和外方山山麓；山东淄博南部，胶东半岛的栖霞市和烟台市；辽宁的绥中县至建昌县一带，营口市至瓦房店市沿海一带（图 6-14）。

生态适宜区主要分布在陕西关中平原的四周外缘，秦岭南麓；山西的沁水县和垣曲县;河北的遵化市北部;河南的崤山南麓和伏牛山南麓;辽宁的绥中县东南部。

生态次适宜区主要分布在新疆的塔里木盆地四周外缘、和田县、伊犁河谷、博乐市、精河县、克拉玛依市、昌吉县、哈密市、吐鲁番市;甘肃敦煌市、玉门市;内蒙古的额济纳旗、吉兰泰、乌海市;宁夏大武口区;陕西榆林市、延安东部;山西汾河流域和长治盆地;河北涿州市、保定市、承德市、遵化市、迁安市、唐山市等地;河南的中部和西部大部地区;北京市大部;天津蓟县;山东省中部山地丘陵区和胶东半岛大部;辽宁的辽西低山丘陵区、千山西北麓和辽东半岛大部。

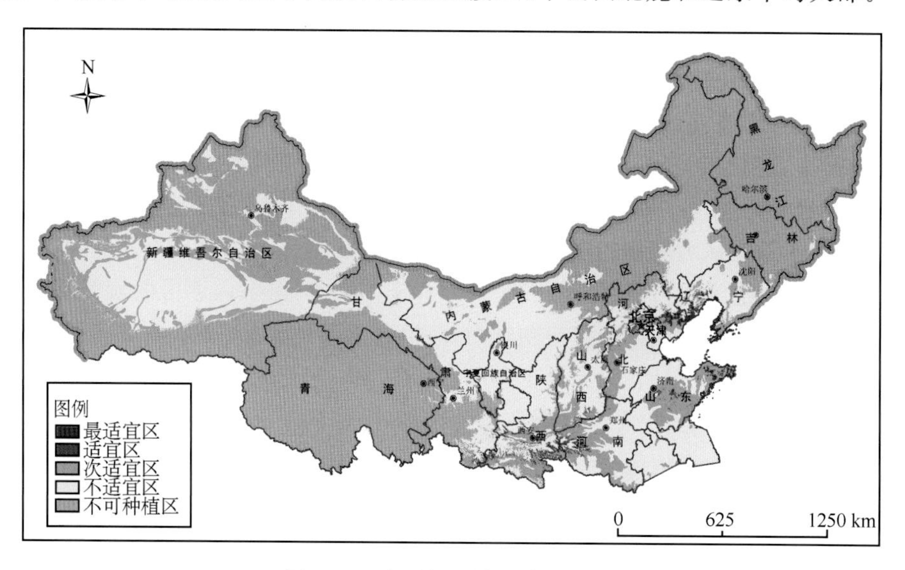

图 6-14　宝石解百纳生态区划图

生态不适宜区为新疆的塔里木盆地、伊犁河谷、塔城市、裕民县等地、哈密盆地;甘肃天水市、陇南市、平凉市、庆阳市;内蒙古的中西部大部地区、兴安盟、赤峰市、通辽市;宁夏平原、同心县、盐池县;陕西陕北、关中平原北部和秦岭山地;山西的中部和北部大部地区;河北的华北平原东南大部地区、大马群山和燕山南麓、滦南县、唐海县和乐亭县等地;河南的东部大部地区及南阳盆地;天津大部;山东北部和西部的平原区;安徽和江苏的淮河以北广大地区;辽宁的中部和南部大部地区。吉林的洮南—通榆一线以西、集安市、图们市和珲春市。

6.15 威代尔(Vidal Blanc)

中熟品种,原产法国,但是在法国几乎已绝迹,属于白色葡萄品种类。威代尔成熟缓慢但稳定，皮厚，较易繁殖和果汁丰富，很适合贵腐酒或冰酒的酿制。因其抗严寒能力较强，在加拿大广泛种植，已成为加拿大的标志性葡萄品种。用其酿成的冰酒，酸度相对较低，更加甜腻，经常有菠萝、芒果、杏桃和蜂蜜等甜熟的香气。相对于德国雷司令冰酒的优雅和耐久，青春奔放的香气正是加拿大威代尔冰酒的特点。

威代尔生态最适宜区主要分布在新疆的伊犁河谷边缘、塔城市、裕民县、伊吾县东部、乌鲁木齐市、昌吉市、奇台县等部分地区；甘肃的景泰县至兰州市的黄河流域，陇南市和康县；内蒙古额济纳旗的望京山一线、阿拉善左旗的贺兰山西麓、毛乌素沙地的西部和南缘、鄂尔多斯高原的西部、阴山的西南麓和大青山南麓、兴安盟南部、赤峰市大部、通辽北部；宁夏回族自治区的贺兰山东麓、中卫市的黄河流域、同心县的清水河流域、灵武市、吴忠市利通区、盐池县西部、红寺堡等地；陕西关中平原北缘部分地区、定边县北部、榆林市北部部分地区；山西的恒山西北麓、芦芽山西麓；河北省的阳原县、淮安县、万全县、宽城县等地；河南的伏牛山南麓；辽宁的建昌和凌源市西部、朝阳市的西北、医巫闾山的西北麓、千山的西南段山地；吉林省的四平市南部、通榆县的团结至乌兰花一带、洮南市和白城市的部分地区（图 6-15）。

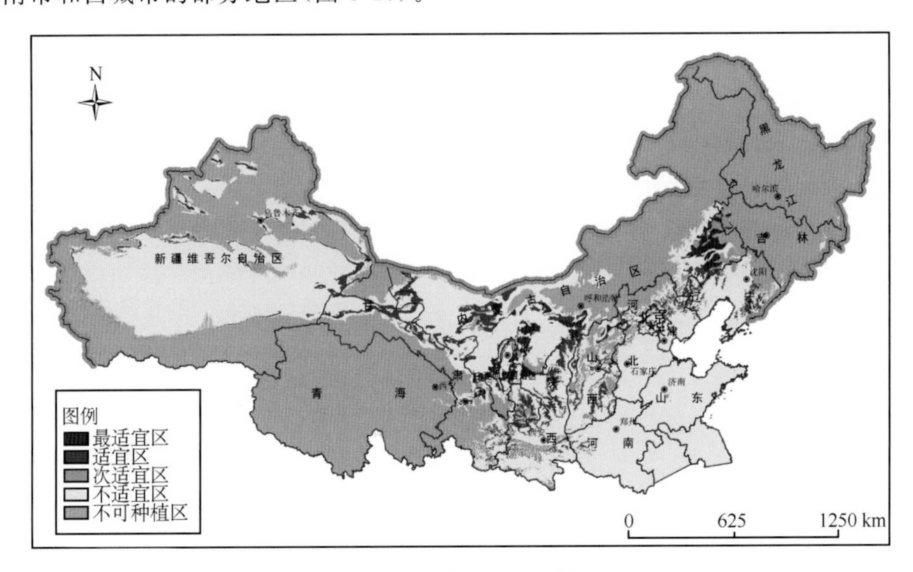

图 6-15　威代尔生态区划图

生态适宜区主要分布在新疆的塔里木盆地北缘的狭长地带、克拉玛依市、北塔山的南麓至奇台北部、吐鲁番盆地北缘、哈密盆地北缘和东南部地区；甘肃的疏勒河流域北缘和南缘至玉门市、酒泉市、临泽县、张掖市一带，武威市、金昌市和民勤县等部分地区，黄河甘肃段的两岸，天水的部分地区，环县、庆城县、庆阳市、泾川县等地；内蒙古的额济纳旗中部、阿拉善右旗的南部、巴丹吉林沙漠东至乌兰布和沙漠西部的广大地区、狼山的西北麓、阴山南部和大青山南部、赤峰市和通辽南部；宁夏青铜峡市的牛首山附近；陕西省的陕北中部、关中平原北缘、秦岭南麓；山西吕梁山西麓和南端、太岳山东南麓、恒山西北麓等地；河北的太行山西北麓、燕山山区部分地区。

生态次适宜区主要分布在新疆的库车县、塔城市南部；甘肃高台县的西南，庆阳市、平凉市等部分地区；内蒙古的雅布赖山西北麓、毛乌素沙地南部、赤峰市西部、通辽市南部；此外，陕西、山西、河北、辽宁和吉林也有个别地区为次适宜区。

生态不适宜区分布在新疆的塔里木盆地大部，准噶尔盆地东部，伊犁河谷大部，塔城市、裕民县等地，克拉玛依市大部，吐鲁番盆地和哈密盆地大部，巴里坤县和伊吾县的东北部；甘肃的河西走廊大部，黄河流域，天水市和陇南市大部，庆阳市的北部和东部地区；内蒙古的中西部大部地区；宁夏的引黄灌区大部、盐池县中部、同心县大部；陕西大部，山西大部，河北大部，河南大部，北京大部，天津大部，山东省，安徽和江苏的淮河以北广大地区，辽宁的中西部。

参考文献

白智生，火兴三，陈兴忠，等. 2012. 高档干化葡萄酒产区和品种的选择. 天津农业科学，**18**(2)：126-129.

何旺庄. 2001. 黑比诺葡萄丰产栽培技术. 甘肃农业科技，(2)：35.

李华，兰玉芳，王华. 2011. 中国酿酒葡萄气候区划指标体系. 科技导报，**29**(1)：75-79.

李记明. 1992. 葡萄品种与酒种区划的指标问题. 葡萄栽培与酿酒，(4)：16-19.

王银川，王泽鹏. 2000. 宁夏贺兰山东麓葡萄气候及品种区划与产地选择. 宁夏农林科技，(2)：24-26.

修德仁，周润生，晁无疾，等. 1997. 干红葡萄酒用品种气候区域化指标分析及其地选择. 葡萄栽培与酿酒，(3)：22-26.

翟衡，郝玉金，管雪强，等. 1997. 影响葡萄品种区域化的品种因素分析. 葡萄栽培与酿酒，(2)：41-43.

翟衡，杜金华 管雪强，等. 2001. 酿酒葡萄栽培及加工技术. 北京：中国农业出版社.

张春同. 2012. 中国酿酒葡萄气候区划及品种区域化研究. 南京信息工程大学硕士学位论文，33-40.

张军翔，李记明. 1998. 宁夏银川地区酿酒葡萄品种选择构想. 葡萄栽培与酿酒，(3)：25-28.

张军翔，李玉鼎，蔡晓勤. 2000. 宁夏银川地区不同成熟期酿酒葡萄品种成熟生物量研究. 宁夏农学院学报，**21**(1)：10-13.

第7章　中国北方酿酒葡萄基地区域化

中国是葡萄属植物的起源中心之一。原产中国的葡萄属植物有30多种(包括变种)。例如,分布在中国东北、北部及中部的山葡萄,产于中部和南部的葛藟,产于中部至西南部的刺葡萄,分布广泛的蘡薁等,都是野生葡萄。

新中国成立以后,特别是改革开放以来,中国的葡萄和葡萄酒事业才有了迅速发展。20世纪50年代末和60年代初,从保加利亚、匈牙利和苏联引进了数百个鲜食和酿酒葡萄品种。自20世纪80年代以来,又从西欧引进了一些世界著名酿酒葡萄品种。中国的葡萄选育种工作也取得了很大的成绩和进展。经过广大葡萄和葡萄酒领域工作者的努力,中国已形成了甘新干旱地区、渤海沿岸平原地区、黄河故道及淮河流域地区、黄土高原干旱地区以及长江以南的攀西地区和云南高原等葡萄和葡萄酒生产基地。葡萄酒在中国经济和人民日常生活中也起着越来越重要的作用。

近年来,中国酿酒葡萄产业持续发展,目前总面积达9.3万hm^2。新疆、甘肃、宁夏、河北、山东及北京和天津等7个省(市、自治区),酿酒葡萄面积和产量几乎占到全国的80%以上。酿酒葡萄品种以红葡萄品种为主,约占80%;白葡萄品种约占20%。赤霞珠(Cabernet Sauvignon)、美乐(Merlot)、蛇龙珠(Cabernet Shelongzhu)、黑比诺(Pinot Noir)、品丽珠(Cabernet Franc)、西拉(Syrah)以及霞多丽(Chardonnay)、贵人香(Italian Riesling)等品种是全国栽培最为广泛的酿酒葡萄品种。赤霞珠栽培面积已超过2万hm^2,是中国第一主栽品种,其次是蛇龙珠、美乐、霞多丽、贵人香、品丽珠、西拉、黑比诺等。

葡萄酒生产分布于26个省(市、自治区),产量居前五位的为山东、河北、天津、吉林、河南,占全国总产量的87.44%;葡萄酒生产企业约500家,张裕、长城、王朝和威龙四个品牌的产量占全国产量的51.87%。

7.1　当前基地及品种布局

经过多年的发展,中国北方已形成了东北、秦皇岛、天津、怀涿盆地、胶东半岛、黄河故道、黄土高原、贺兰山东麓、河西走廊和新疆等十大酿酒葡萄产区。

7.1.1 东北产区

主要包括吉林通化地区及黑龙江部分地区。气候类型为寒冷半湿润、湿润气候。≥10℃活动积温2500～3000℃·d;年降水量300～1000 mm。土质为黑钙土。气候冷凉、冬季严寒须重度埋土防寒,活动积温不足、生育期短,只能栽培早、中熟品种。酿酒葡萄面积0.4万 hm^2。酿酒葡萄品种为山葡萄及其杂种。酒种为山葡萄酒、冰酒。

7.1.2 河北秦皇岛产区

酿酒葡萄种植主要集中于昌黎县及卢龙县。气候类型为半湿润大陆性气候。≥10℃活动积温3700～4200℃·d;年日照时间2600～2800 h;年降水量600～700 mm。土质为砾石和沙质地。需要埋土栽培,适合中晚熟酿酒葡萄,干红葡萄酒适宜产区之一。酿酒葡萄面积0.67万 hm^2 左右。酿酒葡萄品种为赤霞珠、美乐、贵人香。酒种为干红和干白。

7.1.3 天津产区

主要包括蓟县及汉沽区。蓟县位于天津北部,属于半山区地貌,该地区土壤主要以淋溶褐土为主。汉沽区属于滨海平原地区,土质为稍黏重的滨海盐碱土壤。年平均气温11.5℃,≥10℃活动积温3700～4200℃·d,年平均降雨量600～800 mm。

酿酒葡萄面积0.4万 hm^2 左右。酿酒葡萄品种为玫瑰香(Muscat Hamburg)、赤霞珠、美乐。酒种为干红和干白。

7.1.4 怀涿盆地产区

主要包括怀来县、涿鹿县等。气候类型为温带大陆性季风气候。≥10℃活动积温3500℃·d左右;年日照时间2800～2900 h;年平均降水量300～450 mm;年平均气温8.8℃;无霜期160 d。该地区为丘陵山地,土壤为河川沙壤土,光照充足,热量适中,昼夜温差大,是酿酒葡萄的优良产区之一。

酿酒葡萄面积为0.5万 hm^2 左右。酿酒葡萄品种为龙眼、赤霞珠、霞多丽。酒种为干红和干白。

7.1.5 胶东半岛产区

包括山东烟台市、莱州市、平度市、蓬莱市、龙口市、招远市等。气候类型为渤海湾半湿润/暖温带季风大陆性气候。≥10℃活动积温>4000℃·d;年日照时间2800～2900 h;年降水量500～700 mm;年平均气温12～12.6℃。由于受海洋的影响,与同纬度的内陆相比气候温和,夏无酷暑、冬无严寒,冬季无须埋土防寒。各地的小气候和土壤条件的差异较大。酿酒葡萄面积1.67万hm^2左右。酿酒葡萄品种为霞多丽、赤霞珠、蛇龙珠。酒种为干红和白兰地。

7.1.6 黄河故道产区

主要包括河南的兰考、民权,安徽的萧县以及苏北的连云港、宿迁等地区。气候类型为暖温带半湿润气候。≥10℃活动积温4000～5000℃·d;年降水量为600～900 mm。欧美杂种及部分欧亚种品种的适宜栽培区,冬季无须埋土防寒。酿酒葡萄面积0.27万hm^2左右。酿酒葡萄品种为赤霞珠。酒种为干红。

7.1.7 黄土高原产区

主要包括华北西部的山西和西北东部陕、宁、甘黄土高原地区。气候类型为暖温带和中温带半湿润大陆气候。≥10℃活动积温为3000～4500℃·d。年降水量300～700 mm。日照充足,昼夜温差大,是生产干红葡萄酒及发展晚熟耐贮运品种的适宜产区。

酿酒葡萄面积0.13万hm^2左右。酿酒葡萄品种为赤霞珠。酒种为干红。

7.1.8 贺兰山东麓产区

贺兰山东麓酿酒葡萄栽培主要集中于永宁县、西夏区、贺兰县、青铜峡市、红寺堡区、石嘴山市及沿贺兰山分布的农垦各大农场。

气候类型为温带半干旱气候。≥10℃活动积温3100～3500℃·d。年日照时间为3000～3200 h。年降水量150～250 mm。土质为沙砾结合型土质。土壤透气性好,干燥少雨,光照充足,昼夜温差大,是中国优质酿酒葡萄产区之一。

酿酒葡萄面积3.0万hm^2。酿酒葡萄品种为赤霞珠、蛇龙珠、品丽珠、美乐、贵人香、霞多丽、雷司令、西拉等。酒种为干红和干白。

7.1.9 河西走廊产区

包括武威市、张掖市、民勤县等市县。气候类型为大陆性干旱气候。无霜期 165 d；≥10℃活动积温为 2800～3400℃ · d；年日照时间为 2730～3030 h；年降水量小于 200 mm。土壤为沙质土，结构疏松。葡萄成熟充分、糖酸适中、无病虫害，特色突出。

酿酒葡萄面积为 0.33 万 hm^2 左右。酿酒葡萄品种为蛇龙珠、赤霞珠、黑比诺、美乐。酒种为干红、干白、甜酒和冰酒。

7.1.10 新疆产区

包括南疆焉耆盆地，北疆天山北麓，东疆吐鲁番、哈密及伊犁地区。气候类型为温带干旱、半干旱区。≥10℃活动积温为 3500～5000℃ · d。年降水量5～600 mm。土质为砾质土、沙壤土、壤质土。欧亚种各品种群的品种和用于各类加工用途的品种在新疆都可以找到生态适宜区。

酿酒葡萄面积 1.67 万 hm^2 左右。酿酒葡萄品种为赤霞珠、品丽珠、霞多丽、贵人香。酒种为干红、干白、甜酒。

7.2 品种区域布局优化

随着中国北方葡萄酒产业的快速发展，国内酿酒葡萄栽培面积不断扩大，截至 2012 年底，中国北方酿酒葡萄栽培面积已达 9.3 万 hm^2，已形成胶东半岛产区、贺兰山东麓产区、河西走廊产区、新疆产区等十大产区。国内酿酒葡萄投入力度加大、栽培集约化、规模化趋势显现，酒庄建设日趋兴起，酿酒葡萄的产业优势和品牌优势日益凸显。

但是，也应该看到，中国北方酿酒葡萄产业的快速扩张使酿酒葡萄品种区域化建设明显滞后。一是国内酿酒葡萄品种结构单 ，缺乏地域特色，红色品种超过 60%是赤霞珠，白色品种超过 70%是霞多丽（刘世松 2011）。红色品种多为赤霞珠、蛇龙珠、美乐及西拉等，白色品种多为霞多丽、贵人香、雷司令等。二是同一个地区早熟、中熟、晚熟品种混种现象严重，一方面造成早熟品种成熟过快，糖酸不协调，风味物质积累不充分。另一方面造成晚熟品种在有些年份不能充分成熟，品质异质化现象严重。三是酿酒葡萄产区出现不同程度的灾害，如胶东半岛产区、秦皇岛产区等的病害，贺兰山东麓产区、河西走廊产区、东北产区的越冬冻害和晚霜冻，影响酿酒葡萄产量、品质，有些地方还出现刨树毁园事件，严重制约当地酿酒葡萄产业的可持续发展。这些现象的出现与中国北方品种区域化建设规划科学化程度不高密切相关，也是各地盲目扩大酿酒葡萄种植规模、乱引乱种的必然后果。

葡萄质量主要取决于葡萄品种及相适应的生态条件。不同品种酿酒葡萄只有种植在其优质生态区，才能产出最优质的葡萄，才能凭借高质量的葡萄原料生产出优质的葡萄酒。葡萄种植后通常要到第三年才有收获，酿造中档酒葡萄需要用7～8年树龄的葡萄原料，而高档葡萄酒需要用10年以上树龄的葡萄(郭晓霜等 2010)。因此，酿酒葡萄的区域化工作非常必要，它是保证酿酒葡萄品质和区域特色的奠基性工作。品种区域化的任务就是在优质生态区内安排合适的品种及品种组成。所谓品种组成就是在同一葡萄产区的所有葡萄品种的组合或同一类葡萄酒中所含有的所有葡萄品种(王改兰 2010)。一些葡萄酒的独特风味来自单一的葡萄品种，如法国波尔多生产的索维浓干白葡萄酒。但多数情况下，需要品种搭配以提高葡萄酒的质量，使葡萄酒更加平衡协调，如波尔多红葡萄酒的美乐—赤霞珠—品丽珠，香槟地区的黑比诺—霞多丽(李华等 2007)。因此，酿酒品种区域化建设，既要考虑生态条件能充分表达品种的典型性，又要注意品种的合理搭配。另外，进行品种的区域化基地建设，要根据各地不同的生态条件，考虑葡萄品种的成熟期、抗逆性及产量和质量，选择适合当地生态条件的、具有地域特色的品种(李绍华等 2004)。

根据前面不同酿酒葡萄品种优质生态区划结果和现存酿酒葡萄基地的品种分布特点，提出中国北方酿酒葡萄区域化布局的建议如下：

7.2.1 科学规划酿酒葡萄基地

中国葡萄酒行业协会要精心组织、科学规划，根据酿酒葡萄生态区划结果，组织专家、学者、酿酒企业和葡萄基地专业技术人员从气候、土壤、地理条件等方面对中国北方酿酒葡萄早熟、中熟、晚熟品种的优质生态区进行勘测、论证，科学评价各地酿酒葡萄优质生态区的区域特征和范围，确定不同品种酿酒葡萄的优质生态区。在此基础上，制定中国北方酿酒葡萄基地建设发展规划，实行酿酒葡萄基地建设许可审批制度，确保将酿酒葡萄种植在优质生态区内，以提高酿酒葡萄品质，有效规避各地盲目拓荒发展、只追求数量不注重质量、不同熟性品种混种乱象，提高酿酒葡萄品质，凸显区域特色。

7.2.2 合理布局不同熟性品种

早、中熟品种种植基地要西移、北扩，选择冷凉和温凉气候条件种植早、中熟品种。在酿酒葡萄采收季节，平均气温保持在10～20℃，旬降水量低于30 mm的地方。早中熟品种霞多丽、索维浓、魏天子(Petit Verdot)、白比诺、黑比诺、小白玫瑰、黑佳美等主要在内蒙古鄂尔多斯、宁夏同心、河西走廊等地布局。晚中熟品种美乐、赛美蓉、赤霞珠、西拉、雷司令等重点向陕西北部的榆林、贺兰山东麓、内蒙古乌海市、额济纳旗、甘肃河西走廊等地布局。晚熟品种贵人香、白羽、蛇龙珠等重点布局在内蒙古的额济纳、宁夏贺兰山东麓、陕西铜川市和泾阳县、河北怀涿盆地、山西清徐县和临汾市、河南黄河故道的兰考县与民权县等地。极晚熟品种佳利酿等种植区则要把住两头，基地布局重点围绕新疆阿克苏市、库尔勒市、且末县、吐鲁番市和环渤海湾的胶东半岛、秦皇岛市、辽宁大连市和本溪市等地。另外，对适应性强的品种，如赤霞珠布局范围可以适当扩大，可以布局在中熟优质生态区和晚熟次适宜区的沙质土壤上。

7.2.3 适当调整品种结构

欧亚种酿酒葡萄抗病性弱，种植重心要逐步向昼夜温差大、气候干燥、排水良好的中西部转移。环渤海湾产区包括秦皇岛产区、天津产区、胶东半岛产区重点发展极晚熟品种，如佳利酿等。目前栽种的早熟品种灰比诺、魏天子，中熟品种美乐、西拉等抗病能力弱的欧亚种葡萄要逐步更新换代，以规避葡萄成熟季节的高温多雨造成的严重的葡萄病害。黄河故道的河南民权、兰考地区，因夏秋高温多雨，昼夜温差小，葡萄着色差，病虫害较重(翟衡等 1995)，不适宜发展酿酒葡萄，应逐步将酿酒葡萄品种调整为做蒸馏酒用的白玉霓、白羽等品种或鲜食葡萄。黄河故道产区的江苏、安徽北部地区限制发展酿酒葡萄，葡萄种植应以鲜食葡萄为主。黄土高原产区的陕西酿酒葡萄种植基地应向陕西中、北部转移，重点在铜川市发展晚熟品种，在陕北榆林等地发展中熟品种。宁夏、河西走廊产区要重点将歌海娜等晚熟品种调整出去，利用地形、地势等局地小气候重点发展糖酸潜势高的早熟、中熟和中晚熟品种，如黑比诺、美乐、赤霞珠、品丽珠、西拉等。新疆传统的产区吐鲁番因气候太过干热，适合制干葡萄发展，酿酒葡萄种植基地向阿克苏市、库尔勒市、鄯善县、和田县和于田县等地转移，重点发展酸度高的晚熟品种和糖酸潜势都很高的魏天子、贵人香等。

7.2.4 发展区域特色品种

一些地区可以根据山地地势高低发展条带立体种植基地，不同熟性品种种植在不同地势上。这些地区包括河西走廊的祁连山地、新疆的天山山地、山西的汾河河谷地、河北怀涿盆地、太行山东麓、宁夏的贺兰山东麓等地，可以因地制宜，发展山地立体种植，将不同熟性的葡萄品种种植在同一个区域，有利于提高区域抗灾能力，发展品类多样的特色葡萄酒庄。尤其是结合“酒庄酒”、“小酒堡”的发展，在一些特殊的小气候区域，如山地阳坡、丘陵背风坡、盆地、湖泊、水库周边，发展一批有明显地方特色的酿酒葡萄品种，如雷司令(Riesling)、小白玫瑰(Muscat Blanc)、白比诺(Pinot Blanc)及威代尔(Vidal Blanc)等品种,使葡萄酒生产进一步多样化、特色化。

7.2.5 分级细化生态区划结果

中国幅员辽阔,各地生态条件差异很大,没有任何一套区划指标体系可以满足酿酒葡萄如此多品种的生态区划需求。因此各地要因地制宜,开展省、市、县甚至流域、山系等不同尺度的酿酒葡萄生态区划。如宁夏开展了更为细致的酿酒葡萄生态区划(附图 1～附图 4),为优化当地葡萄基地的区域化布局提供技术支撑。各地在进一步的区划中,要考虑当地发展酿酒葡萄的限制条件,如越冬极端温度、霜冻、病虫害、葡萄采收期降水、夏季温度强度等,还要注意温度日较差、土壤类型、地形等对葡萄糖分积累和成熟度的影响,考虑气象灾害的气候保证率问题。根据区域特点,细化酿酒葡萄生态区划方案,以期发挥当地区域气候、土壤资源优势,提出具有典型区域特色、地方特色的酿酒葡萄品种布局方案。

7.2.6 兼顾品种搭配

在今后葡萄产业发展过程中,各个主要葡萄产区要注重葡萄品种的搭配。发展赤霞珠的区域,适当发展一定比例的美乐、品丽珠,以满足葡萄酒生产中原酒勾兑需求。发展霞多丽的地方,同时发展一些黑比诺、白比诺,这些品种与霞多丽合酿,可以生产出高档的起泡酒。品种组合要与酒型相联系,选择品种要良种化,良种种植要区域化,以充分利用各地不同的生态资源,充分发挥优良品种的遗传潜势。另外,在品种区域化种植时,要与酒种区域化相结合,实现葡萄品种、酒种、优质生态区和酿造技术的完美结合。

7.3 酒种区域布局优化

目前,中国北方十大产区葡萄酒生产以干红、干白葡萄酒为主,酒种单一,甜型葡萄酒、冰葡萄酒和起泡酒等酒型产量低、品牌少,难以满足国内多样化的饮酒口味和偏好需要。

气候条件决定可生产的葡萄酒种类(甜型、起泡、普通、白或红葡萄酒),而土壤条件则使葡萄酒产品品味具有其特殊的个性。世界各国酒种区域化主要以气候指标为依据(李记明 1992)。干化葡萄酒是高档陈酿型葡萄酒,要求葡萄浆果在发酵前含糖量在 270～290 g/L，而达到这一目标就需要葡萄在采摘时有较高的含糖量，并且适当延迟葡萄采收期以进一步提高糖分含量，然后利用产区自然条件使其适度失去水分（即干化），使浆果的含糖量达到需要值，产区对于干化葡萄酒的原料选择及干化处理过程具有决定性的作用（白智生等 2012）。只有产区生态条件、品种、酒种进行完美的结合才能酿出风味独特的产地酒。

7.3.1 干红酒用葡萄布局

适宜于干红葡萄酒的红色品种品类多、适应性强，在中国北方分布广、种植面积大。西北地区的贺兰山东麓、内蒙古乌海、河西走廊光照充足、昼夜温差大、热量条件适中、干旱少雨、灌溉便利，葡萄着色好、糖度高、酸度适中，葡萄成熟后有很好的干化条件，有利于糖分浓缩，自然生态条件适宜于发展高档干红酒，是中国北方高档干红的重点发展区域。环渤海湾产区，包括天津产区、胶州半岛产区、秦皇岛产区等地，高温多雨、夏秋季降水多，葡萄着色差、感病重、糖分积累不足，葡萄品质一般，适宜于发展中、低档佐餐型红葡萄酒。黄土高原清徐产区、陕西铜川产区热量条件好、降水适中，葡萄含糖量较高，葡萄果实着色较好，适合发展干红酒，宜作为中档干红酒的重点区域。

7.3.2 干白酒用葡萄布局

中国北方温凉的半干旱区，如河西走廊民勤县、金昌市、张掖市、宁夏清水河流域、红寺堡区、陕西北部的榆林气候凉爽潮湿、光照充足、昼夜温差大、土壤以黄绵土、风沙土为主，有利于白色品种霞多丽、雷司令、灰比诺、赛美蓉和红色品种黑比诺积累足够的糖分和酸度，酿造的干白果香丰富、酸度足，而且葡萄病害发生轻，是中国北方发展干白葡萄酒的理想区域，这些地区有条件发展高档干白葡萄酒。山西汾河河谷的清徐县、太谷县可以发展一些以中晚熟白色品种贵人香、白诗南、白羽等为原料的干白酒。

7.3.3 自然甜型酒用葡萄布局

新疆的吐鲁番光照充足、热量条件好、干燥少雨，有一定灌溉条件保障，土壤以沙土为主，这些地区出产的葡萄糖分含量高、酸度低，特别适合酿制自然甜型葡萄酒。在河西走廊的武威市、张掖市、贺兰山东麓等地昼夜温差大、光照充足、干旱少雨，特别有利于葡萄糖分积累，如果在这些地方的晚熟生态区种植一些中熟品种，在中熟生态区种植一些早熟品种，也能保证葡萄糖度达到酿造自然甜型葡萄酒的糖度要求。黄土高原产区的山西清徐县和陕西铜川市一带，可利用山地阳坡小气候，适当发展小面积的自然甜型葡萄酒。山东、河北、北京、天津、河南、江苏、安徽因酿酒葡萄收获季节降水偏多，不利于葡萄果实糖分浓缩，酿酒葡萄糖分很难达到酿制自然甜型葡萄酒的糖度要求。可以选择山地丘陵有一定坡度、排水良好的地区发展一些自然甜型葡萄酒，但大部分排水不畅的平原地区，不宜发展自然甜型葡萄酒。东北地区以及内蒙古包头市、巴彦淖尔市等冷凉地区无霜期短，酿酒葡萄糖分积累明显不足，不能发展自然甜型葡萄酒。

7.3.4 起泡酒用葡萄布局

起泡酒需要在冷凉的半湿润地区发展，中国北方宁夏的中卫市南段、甘肃的白银市、定西市、天水市，光照充足、气候温凉、降水适中，有利于酿酒葡萄酸的形成和积累，上述有灌溉条件的地区，特别适宜发展起泡酒。适合的品种主要是雷司令、霞多丽、黑比诺、贵人香、灰比诺等。河西走廊、新疆产区则降水稀少，昼夜温差大，生态条件有利于糖分积累，而不利于酿酒葡萄产酸，不能发展起泡酒。黄土高原的陕西榆林市、山西清徐县可以利用山地丘陵小气候，发展小规模的起泡酒。环渤海湾产区、河南、安徽、江苏等地热量充分、降水多，酿酒葡萄酸度较高，但糖分含量也较高，不适宜发展起泡酒。

7.3.5 酒种布局中需要注意的问题

在凉爽区发展起泡酒，要尽量选择香气优雅，酒体细腻、酒质细腻、产气多的葡萄品种，如霞多丽、黑比诺、贵人香等。适宜发展干白酒的地区，则要选择果香细腻，糖分潜势高、酸度适中的品种，如赛美蓉、贵人香、白比诺、灰比诺、白羽等。适宜于发展高档干红酒、干白酒的地区，在品种选择上就要选择耐陈酿的品种，如赤霞珠、霞多丽、贵人香等。

暖区发展干红葡萄酒则要选择酸度潜势高的晚熟品种，躲避夏季高温和雨季，在葡萄采摘前有一定的干化过程，促进糖分聚集。适宜的品种如赤霞珠、贵人香、宝石解百纳等。

温凉区发展干红葡萄酒则要选择糖分积累快的品种，如黑比诺、美乐。

适宜发展甜型酒的产区，则在葡萄品种选择上选择糖分潜势高的品种，如黑比诺、美乐、歌海娜等。

需要指出的是，随着全球气候变化，酿酒葡萄含糖量有上升趋势，而含酸量有下降的趋势（Berger 2008）。气候变化对酿酒葡萄布局和酒种变化有深远影响（李华等 2009），酿酒葡萄基地选择也要考虑气候变化对葡萄生态适宜区的影响。一个地区的酒种不是一成不变的，需要根据地域特点和气候变化进程及时更新酿酒葡萄品种。在气候年际变化大的地区，有些年份气候温暖、降水适宜，适宜酿造干红、干白酒，有些年份气候冷凉、降水偏多，只能酿造起泡酒、蒸馏酒。在光照条件优越、昼夜温差大的宁夏、河西走廊地区，积温有升值现象，一些晚熟品种在这些温凉地区可以正常成熟。因此，在这些地区选择品种、酒种时，要注意运用这些特殊的气候条件和气候特点。更全面、精细化的酿酒葡萄品种、酒种区域化有待今后的进一步研究。

参考文献

Berger J. 2008. 气候变化对全球葡萄种植和葡萄酒酿造的影响. 中外葡萄与葡萄酒，(5)：61-63.

白智生，火兴三，陈兴忠，等. 2012. 高档干化葡萄酒产区和品种的选择. 天津农业科学，**18**(2)：126-129.

晁无疾. 2006. 中国酿酒葡萄生产现状及发展展望. 在"2006 中国 · 蓬莱国际葡萄酒周"上的讲话.

郭晓霜，罗月婷. 2010. 中国葡萄酒产区抉择. 中国酒业报道，增刊：52-53.

李华，王华，房玉林，等. 2007. 中国葡萄栽培气候区划研究. 科技导报，**25**(18)：63-68.

李华，王艳君，孟军，等. 2009. 气候变化对中国酿酒葡萄气候区划的影响. 园艺学报，**36**(3)：313-320.

李记明. 1992. 葡萄品种与酒种区划的指标问题. 葡萄栽培与酿酒，(4)：16-19.

李记明. 2009. 葡萄酒产业 30 年发展回顾. 中外葡萄与葡萄酒，(3)：61-65.

李绍华，王利军，范培格，等. 2004. 中国葡萄酒生产状况及发展思考——从栽培角度看我国葡萄酒生产. 河北林业科技，(5)：107-109.

李志江，刘彬，戴凌燕，等. 2006. 冰酒的研究现状与发展趋势. 酿酒，**33**(4)：48-50.

刘世松. 2011. 中国葡萄酒产业面临的危机与对策. 酿酒，**38**(5)：80-83.

刘效义，张亚芳，宋长冰. 1999. 酿酒葡萄生态区划问题初探. 中外葡萄与葡萄酒，(1)：19-22.

王改兰. 2010. 宁夏酿酒葡萄气候区划及品种区域化的研究. 西北农林科技大学硕士学位论文，15-24.

修德仁，周润生，晁无疾，等. 1997. 干红葡萄酒用品种气候区域化指标分析及其地选择. 葡萄栽培与酿酒，(3)：22-26.

翟衡. 1993a. 法国葡萄酒品种的演化与发展趋势. 葡萄栽培与酿酒，(3)：31-34.

翟衡. 1993b. 波尔多的葡萄品种与酒种. 酿酒科技，**58**(4)：48-50.

翟衡，赵新节，温秀云，等. 1995. 论中国葡萄与葡萄酒发展战略. 葡萄栽培与酿酒，(1)：43-46.

翟衡，郝玉金，管雪强，等. 1997. 影响葡萄品种区域化的品种因素分析. 葡萄栽培与酿酒，(2)：41-43.

翟衡，杜金华 管雪强，等. 2001. 酿酒葡萄栽培及加工技术. 北京：中国农业出版社，8-19.

张春同. 2012. 中国酿酒葡萄气候区划及品种区域化研究. 南京信息工程大学硕士学位论文，33-40.
张军翔，李记明. 1998. 宁夏银川地区酿酒葡萄品种选择构想. 葡萄栽培与酿酒，(3)：25-28.
中华人民共和国国家经济贸易委员会. 2002. 中国葡萄酿酒技术规范.

附图1 宁夏酿酒葡萄生态区划图

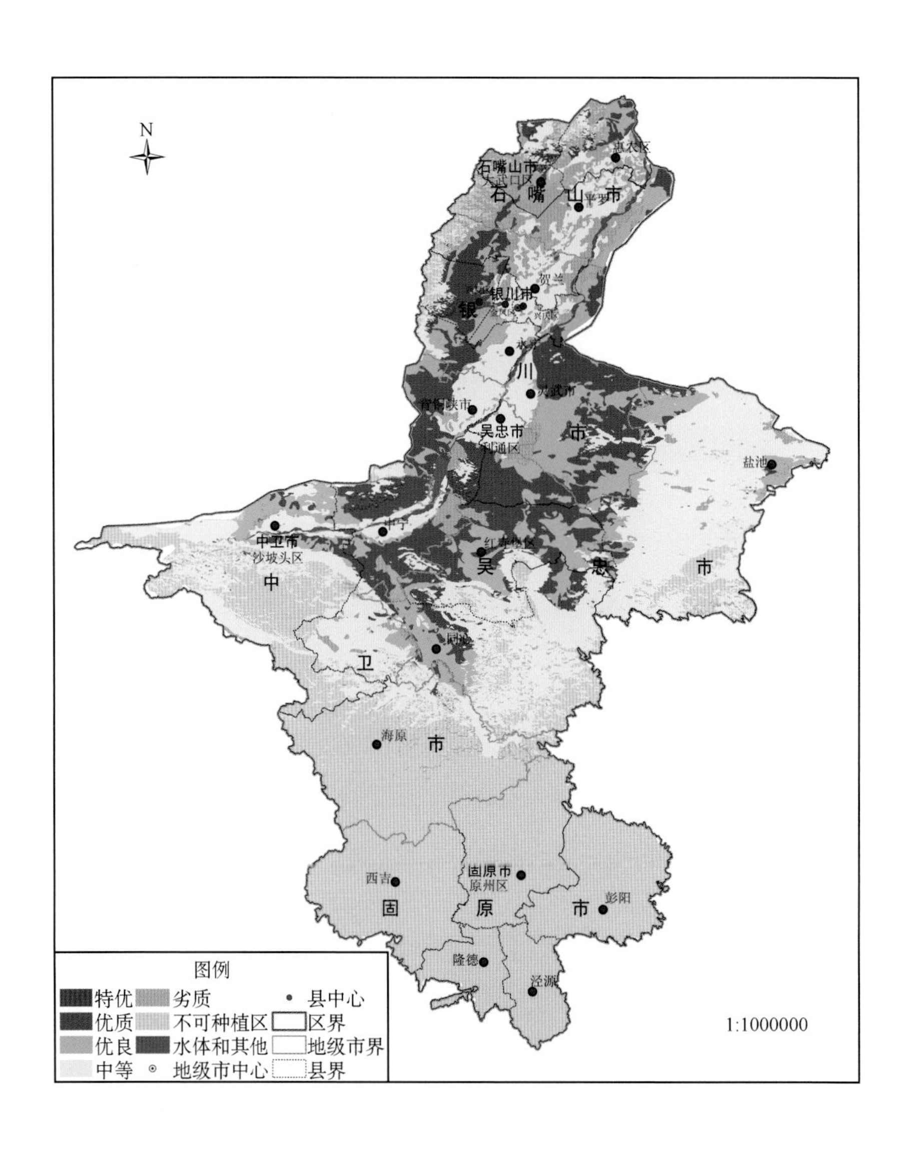

附图 2　宁夏酿酒葡萄晚熟品种生态区划图

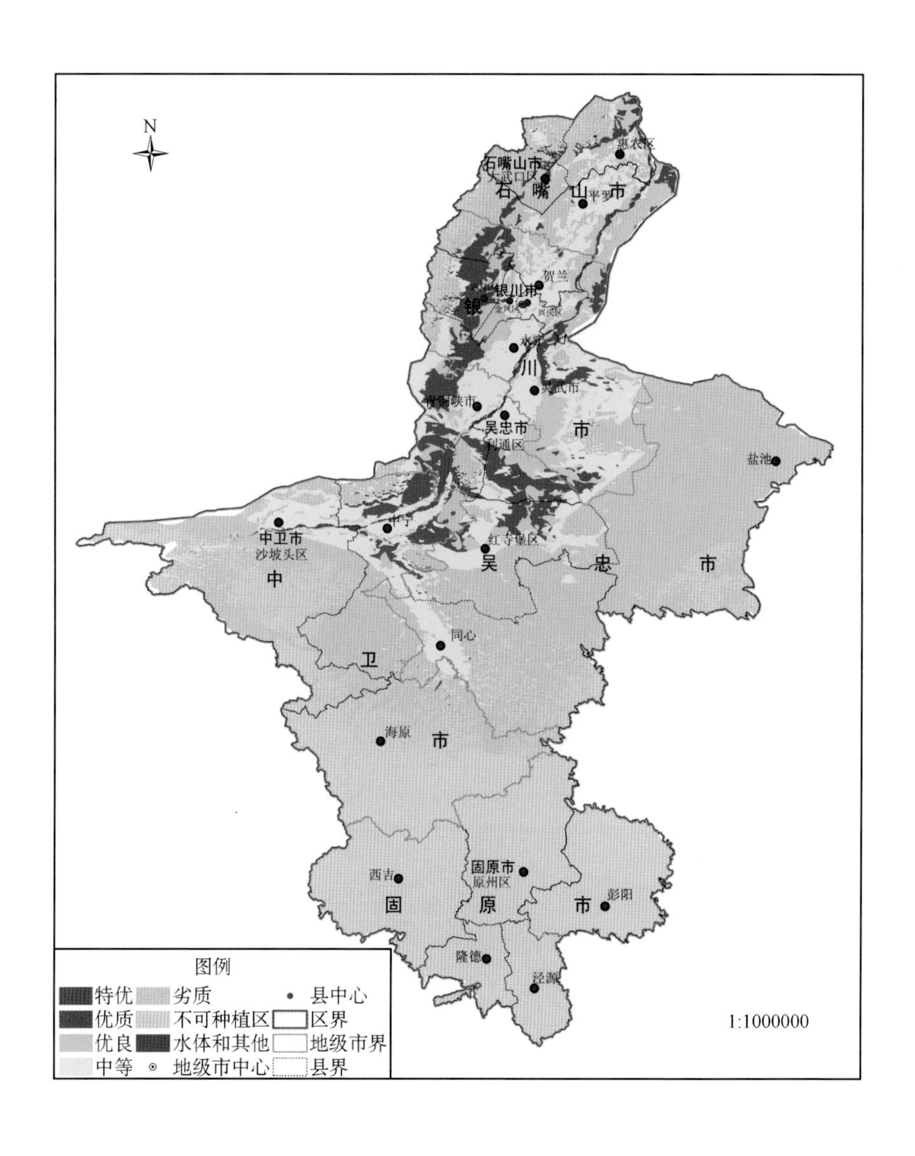

附图3　宁夏酿酒葡萄中熟品种生态区划图

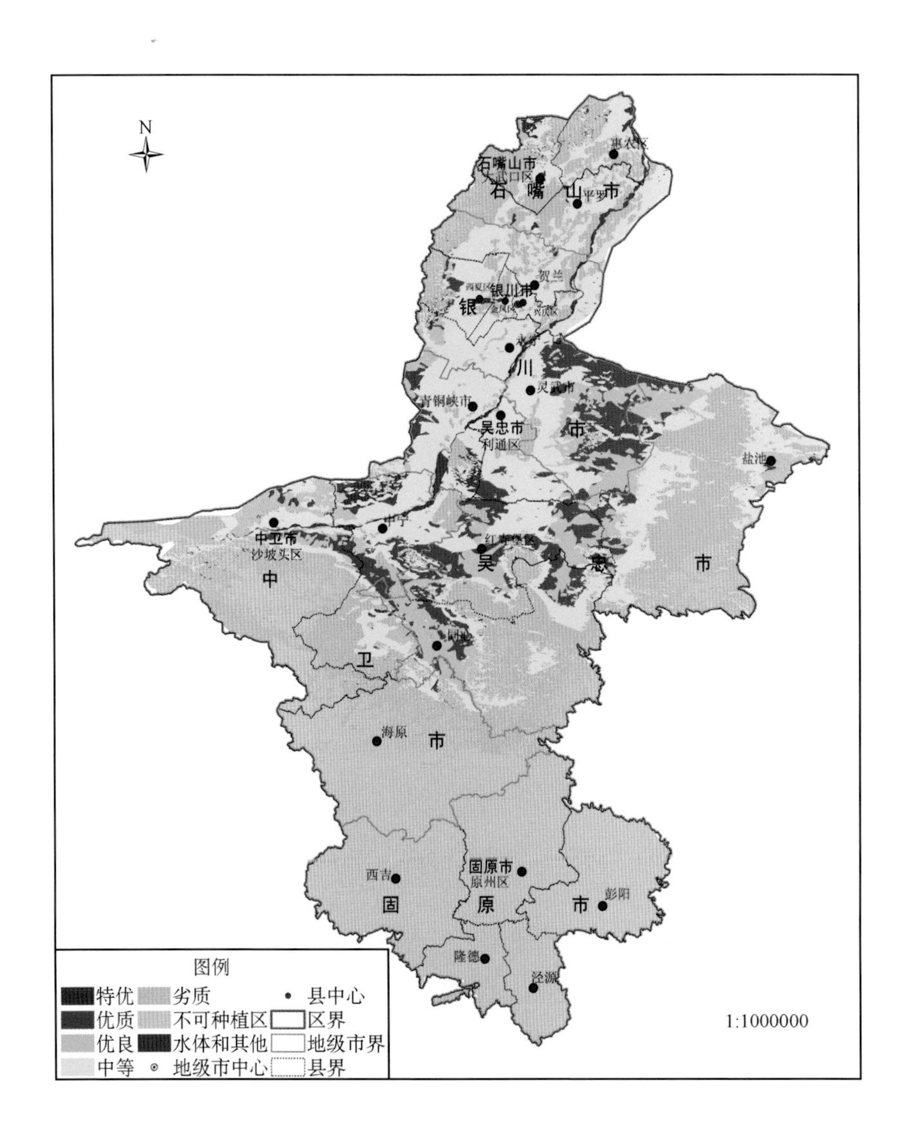

附图 4　宁夏赤霞珠生态区划图

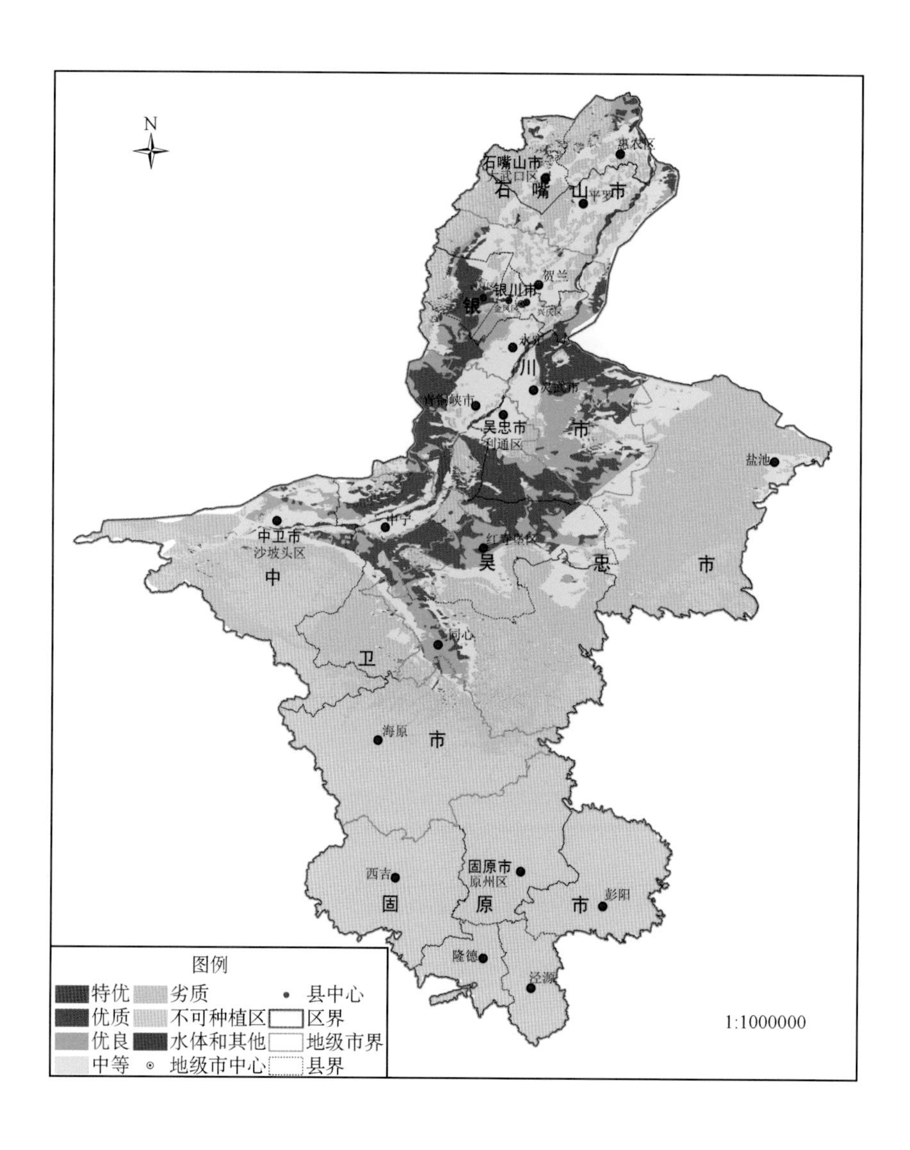